생각을 키우는

와이즈만 창의사고력 수학

초등 4·5학년

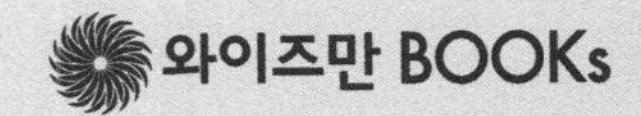

와이즈만 창의사고력 수학 초대장을 받은 친구들에게

수학 친구들의 행복한 수학 놀이터, 와이즈만 창의사고력 수학의 초대장을 받고, 수학 탐험의 세계로 오신 여러분을 환영합니다.

가우스는 열 살 때 선생님께서 1에서 100까지의 합을 구하라는 문제를 내자, 1부터 100까지의 수를 하나 하나 더하는 친구들 사이에서 단번에 정답 5,050을 써냈습니다.

깜짝 놀란 선생님이 어떻게 이렇게 빨리 답을 구했는지 물어보았지요.

그러자 어린 가우스는

"1하고 100하고 더했더니 101이 나와요.
2하고 99하고 더해도 101이 나오고요.
3과 98을 더해도 마찬가지였어요.
그래서 전 101에 100을 곱했어요.
이것은 1부터 100까지 두 번 더한 셈이기 때문에 101에 100을 곱한 후 2로 나누었어요."
라고 말했지요.

덧셈 문제를 단순히 순서대로 더하지 않고 자신만의 창의적인 방법으로 풀어낸 가우스!

가우스는 훗날 세계 3대 수학자들 중 1명이 되었답니다.

가우스처럼 창의적인 방법으로 문제를 풀고 싶지 않나요?

수학은 공식을 외어서, 또는 알고 있는 것을 기억해내서 푸는 것이 아닙니다. 제대로 이해하고, 생각하고 응용하여 해결 열쇠를 만들어내는 것이지요.

와이즈만 창의사고력 수학과 함께한다면 수학을 창의적으로 생각하고 자신 있게 푸는 자신의 모습을 발견하게 될 것입니다. 와이즈만 창의사고력 수학에는 학교에서 배우는 교과서 문제를 비롯해서 수학적 상상력과 창의력을 폭발적으로 뿜어낼 수 있는 수학비밀을 가득 담았습니다.

암호, 퍼즐, 퀴즈, 수학 이야기 등을 통해 예비 영재들이 즐겁고 흥미롭게 수학을 만나고 수학적 사고력과 표현력, 창의적 문제해결력을 향상시킬 수 있게 됩니다.

지금부터 즐겁고 신나게 와이즈만 창의사고력 수학의 비밀을 만나보세요!

와이즈만 창의사고력 수학 사용 설명서

- 자기주도 학습 체크리스트에 공부 계획을 세워 보세요.
- 강의를 듣기 전에 먼저 스스로 생각하며 풀어 보세요.
- 선생님의 친절한 강의를 들을 때는 질문에 대답해 가며 강의에 참여하세요.
- 강의를 듣는 데는 30분이면 충분해요.
- 공부를 마치고 확인란에 체크해 주세요.
- 계획을 잘 실천한 자신을 칭찬해 주세요.

구성과 특징

Stage 2를 먼저 학습해도 좋습니다.

Stage 1

학교 공부 다지기

기본 수학실력 점검과 학교 수업 내용 총정리

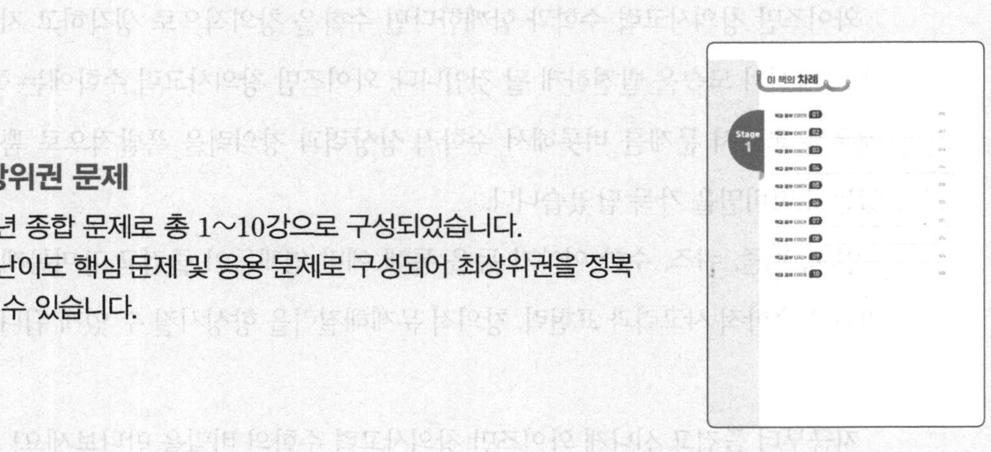

특징 1 최상위권 문제

- 학년 종합 문제로 총 1~10강으로 구성되었습니다.
- 고난이도 핵심 문제 및 응용 문제로 구성되어 최상위권을 정복할 수 있습니다.

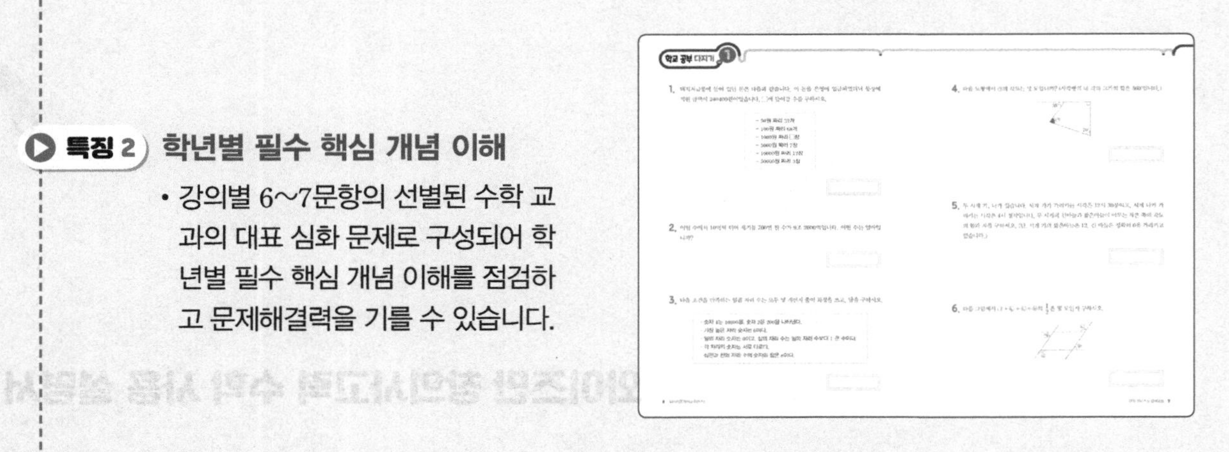

특징 2 학년별 필수 핵심 개념 이해

- 강의별 6~7문항의 선별된 수학 교과의 대표 심화 문제로 구성되어 학년별 필수 핵심 개념 이해를 점검하고 문제해결력을 기를 수 있습니다.

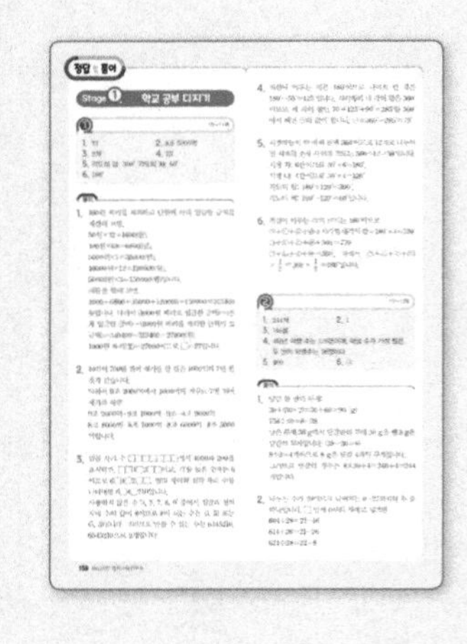

특징 3 문항별 상세한 문제풀이

- 핵심 교과 개념을 한 눈에 알기 쉽게, 꼼꼼하게 문제 풀이로 정리합니다!
- 문항별 상세한 문제풀이로 학습의 이해를 높입니다.

와이즈만 영재탐험 (수학비밀 시리즈)

수학적 사고력과 표현력, 창의적 문제해결력 향상

특징 1 와이즈만의 수학 비밀 선물

- 암호, 퍼즐, 패턴, 논리, 퀴즈 등의 다채로운 문제 유형과 수학비밀 컨셉으로 구성되어 즐겁고 흥미롭게 학습에 참여할 수 있습니다.
- 총 11~40강으로 구성되어 풍성하고 유익한 수학탐험이 가능합니다.

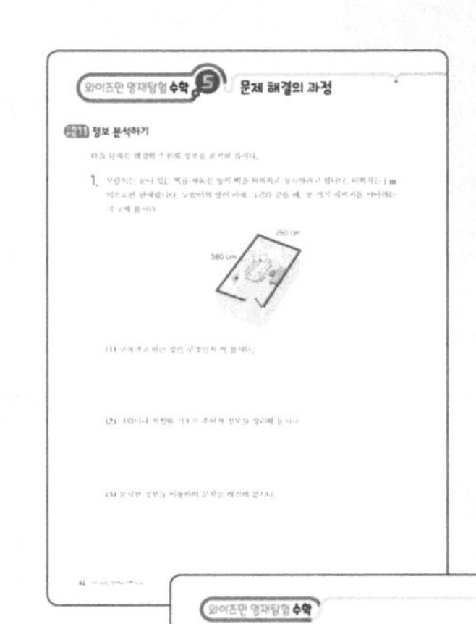

특징 2 흥미진진한 스토리텔링형

- 생활 속에서 접할 수 있는 흥미로운 소재와 학생들의 학년별 수준에 맞는 스토리텔링형 문제로 구성되어 수학에 대한 흥미를 갖게 합니다.

특징 3 창의융합형 사고력 up!

- 수학적 사고력과 이해력을 높이는 창의융합 문제로 구성되어 문제해결력을 기를 수 있습니다.

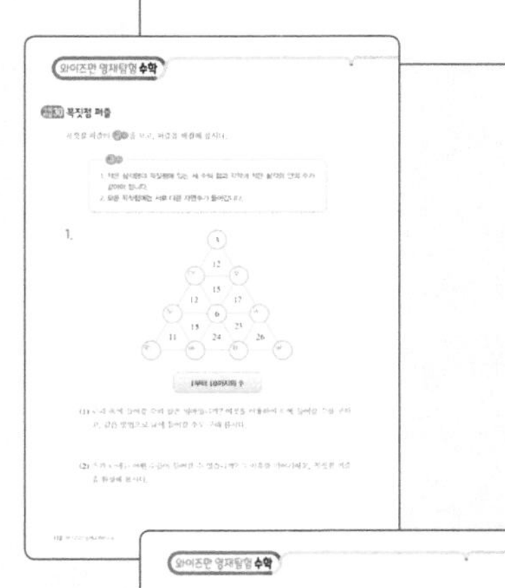

특징 4 영재교육원 대비 맞춤형

- 변화하는 영재교육원 대비 맞춤형 문제 구성으로 수학 사고력 및 창의적 문제해결력을 높이고 도전에 자신감을 갖게 합니다.

특징 5 변화하는 입시에서 꼭 필요한 서술 능력 강화

- 복잡하고 낯선 문제에도 도전하며, 스스로 생각하여 해결의 실마리를 찾고 해결 과정을 논리적으로 서술하는 능력을 길러줍니다.

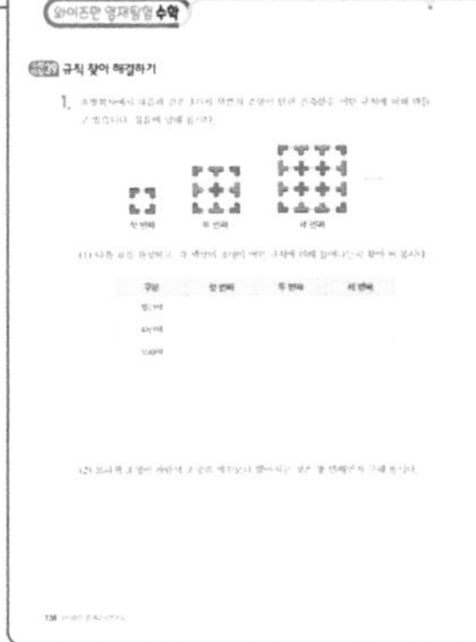

이 책의 차례

Stage 1

Stage 2

자기주도 학습 체크리스트

- 자기주도 학습 체크리스트에 공부 계획을 세워 보세요.
- 강의를 듣기 전에 먼저 스스로 생각하며 풀어 보세요.
- 선생님의 친절한 강의를 들을 때는 질문에 대답해 가며 강의에 참여하세요.
- 강의를 듣는 데는 30분이면 충분해요.
- 공부를 마치고 확인란에 체크해 주세요.
- 계획을 잘 실천한 자신을 칭찬해 주세요.

영상	단원	계획일	확인
1	학교 공부 다지기 1		
2	학교 공부 다지기 2		
3	학교 공부 다지기 3		
4	학교 공부 다지기 4		
5	학교 공부 다지기 5		
6	학교 공부 다지기 6		
7	학교 공부 다지기 7		
8	학교 공부 다지기 8		
9	학교 공부 다지기 9		
10	학교 공부 다지기 10		

Stage 1

학교 공부 다지기

1. 돼지저금통에 들어 있던 돈은 다음과 같습니다. 이 돈을 은행에 입금하였더니 통장에 적힌 금액이 340400원이었습니다. □에 들어갈 수를 구하시오.

- 50원 짜리 32개
- 100원 짜리 68개
- 1000원 짜리 □장
- 5000원 짜리 7장
- 10000원 짜리 12장
- 50000원 짜리 3장

2. 어떤 수에서 10억씩 뛰어 세기를 700번 한 수가 9조 2000억입니다. 어떤 수는 얼마인지 구하시오.

3. 다음 조건을 만족하는 일곱 자리 수는 모두 몇 개인지 구하시오.

- 숫자 4는 40000을, 숫자 2는 200을 나타낸다.
- 가장 높은 자리 숫자는 6이다.
- 일의 자리 숫자는 0이고, 십의 자리 수는 일의 자리 수보다 1 큰 수이다.
- 각 자리의 숫자는 서로 다르다.
- 십만과 천의 자리 수의 숫자의 합은 8이다.

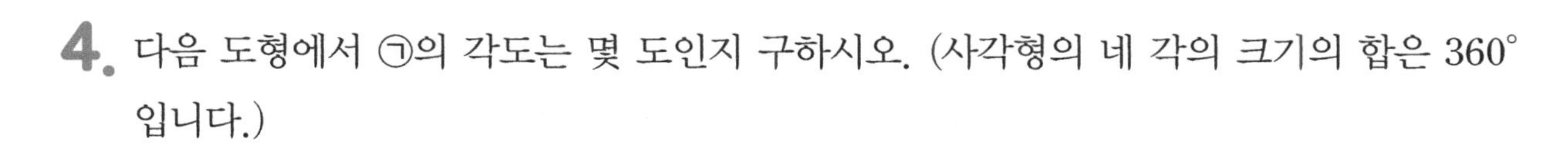

4. 다음 도형에서 ㉠의 각도는 몇 도인지 구하시오. (사각형의 네 각의 크기의 합은 $360°$ 입니다.)

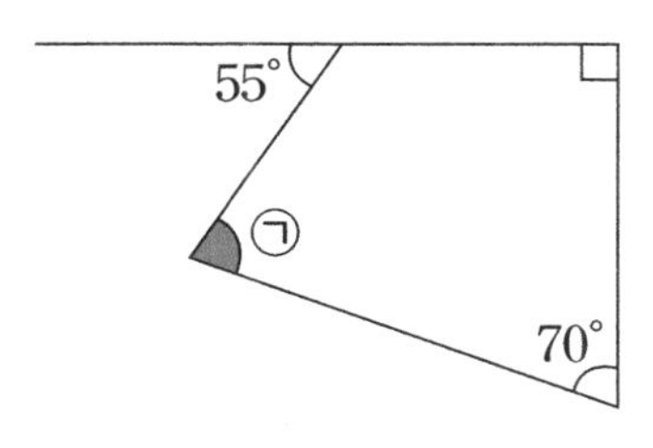

5. 두 시계 **가**, **나**가 있습니다. 시계 **가**가 가리키는 시각은 6시 정각이고, 시계 **나**가 가리키는 시각은 4시 정각입니다. 두 시계의 긴바늘과 짧은바늘이 이루는 작은 쪽의 각도의 합과 차를 구하시오.

6. 다음 그림에서 ㉠+㉡+㉢+㉣의 $\frac{1}{2}$은 몇 도인지 구하시오.

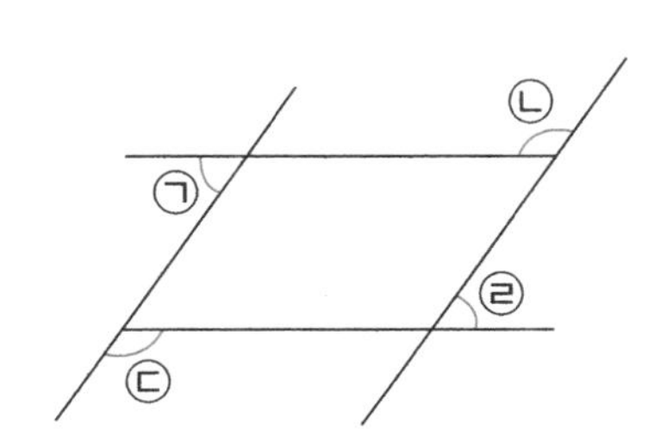

1. 달걀은 한 판에 30개까지 담을 수 있습니다. 달걀 1알의 무게는 2 g입니다. 달걀판의 무게는 30 g입니다. 무게를 재었더니 758 g이 되었다면, 달걀의 개수는 모두 몇 개인지 구하시오. (단, 달걀은 모두 달걀판에 담겨 있습니다.)

2. 다음 나눗셈의 몫이 21일 때, 0부터 9까지의 수 중에서 □ 안에 들어갈 수 있는 수를 모두 구하여 그 합을 쓰시오.

6□4÷28

3. 지윤이가 거울을 보니 거울에 비친 시계가 다음과 같은 모습이었습니다. 7시에 엄마가 돌아오신다면, 지윤이는 엄마가 돌아오실 때까지 몇 분을 더 기다려야 합니까?

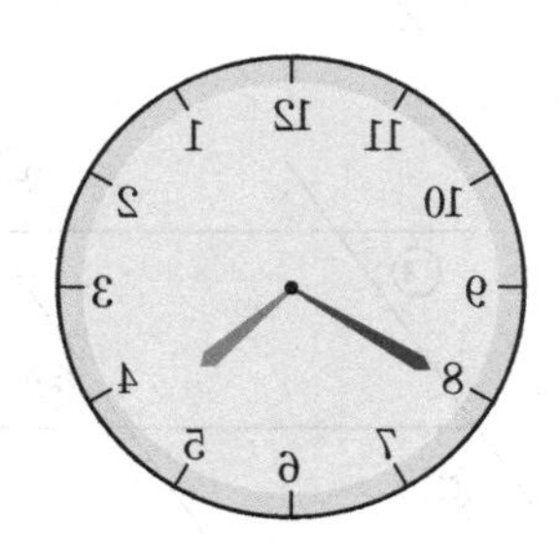

4. 다음은 성실초등학교의 4학년 학생들의 반별 학생 수를 나타낸 막대그래프입니다. 성실초등학교의 4학년 학생은 모두 몇 명인지 구하고, 이 중 학생 수가 가장 많은 두 반의 학생 수는 모두 몇 명인지 구하시오.

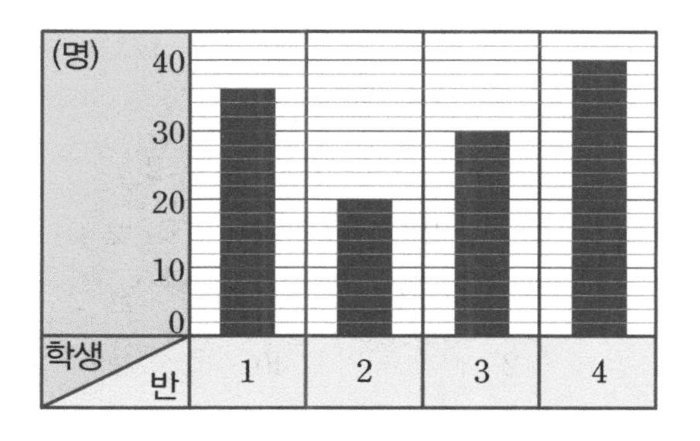

,

5. 보기를 보고 짝수를 합했을 때의 규칙을 찾아 10부터 40까지의 합을 구하시오.

보기

$2+4=2\times3$

$2+4+6=3\times4$

$2+4+6+8=4\times5$

$2+4+6+8+10=5\times6$

6. 왼쪽에 있는 도형을 왼쪽으로 밀고, 오른쪽으로 6번 뒤집은 다음 아래쪽으로 뒤집었을 때의 도형을 골라 기호를 쓰시오.

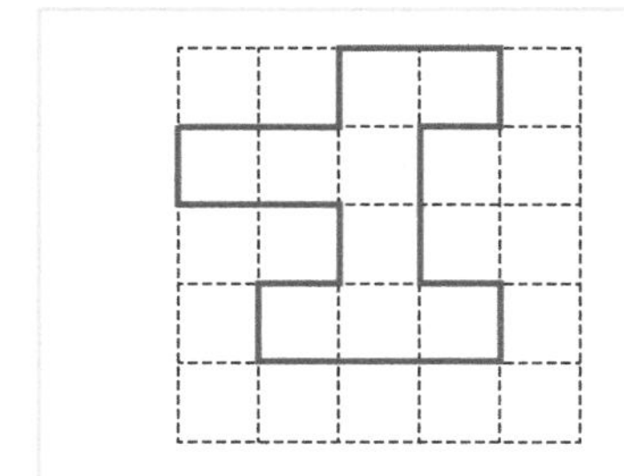

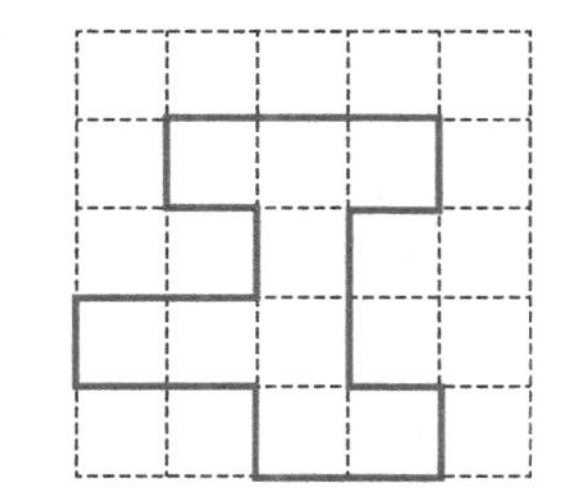

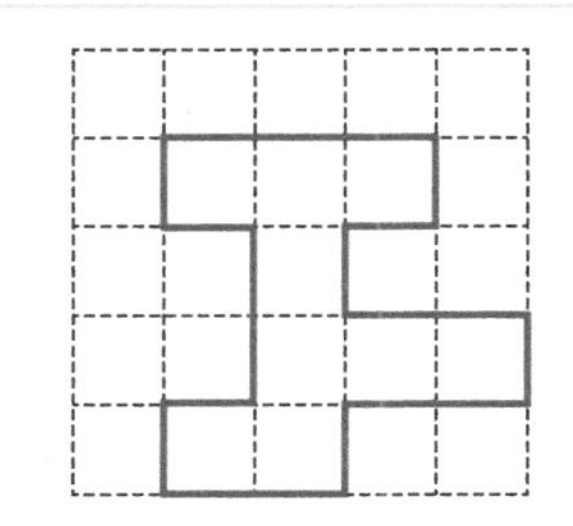

1. 도형 속의 수를 보고 규칙을 찾아 빈칸 ㉠, ㉡, ㉢, ㉣에 들어갈 알맞은 수를 각각 구하시오.

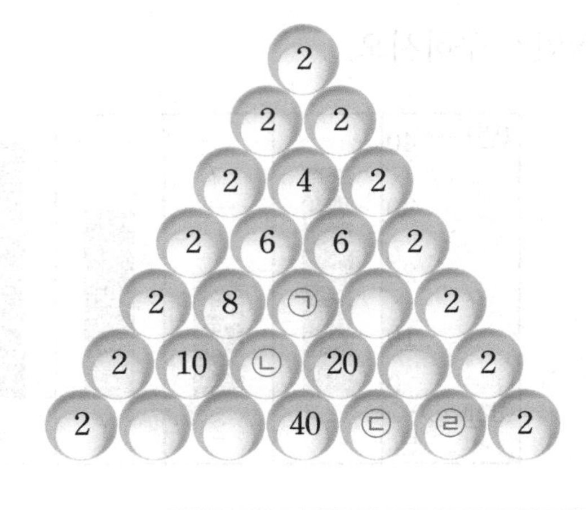

2. 보기 를 보고 규칙에 따라 여섯째 계산식을 쓰고 풀이 과정을 함께 쓰시오.

보기

$11 \times 11 = 121$

$11 \times 111 = 1221$

$11 \times 1111 = 12221$

3. 도형의 배열을 보고 여덟째에 알맞은 도형에서 가장 작은 삼각형은 모두 몇 개인지 쓰시오.

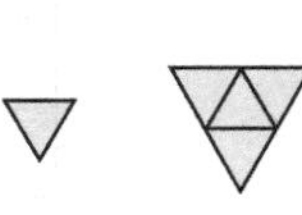
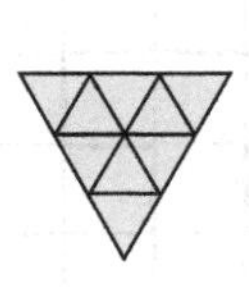
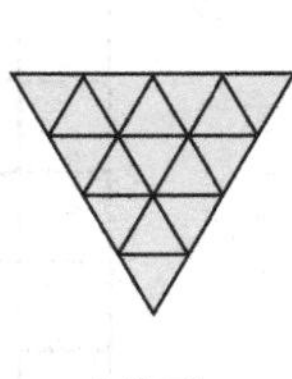
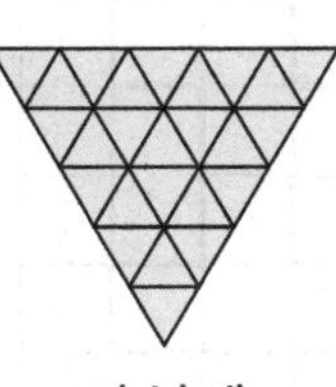

첫째 둘째 셋째 넷째 다섯째

4. 현미네 모둠 친구들이 받은 칭찬스티커의 개수를 막대그래프로 나타낸 것입니다. 칭찬스티커를 가장 많이 받은 친구는 미정이고, 그 다음은 현미입니다. 미정이의 절반만큼 받은 친구는 호철이이고, 준혁이는 호철이보다 10개 더 많이 받았습니다. 모둠 친구들이 받은 칭찬스티커의 수는 각각 몇 개인지 구하시오.

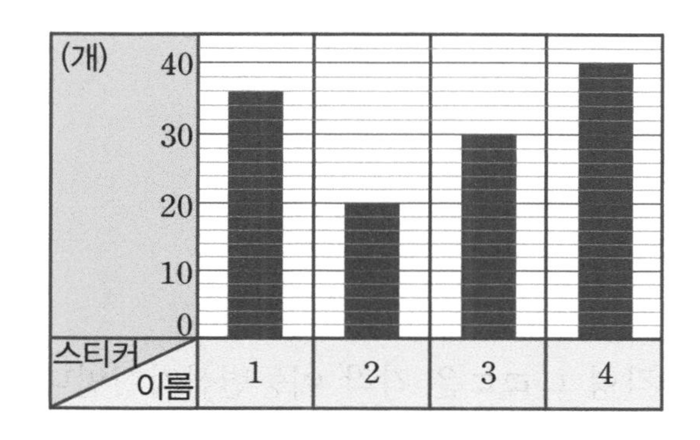

5. 다음 수 카드를 한 번씩 사용하여 보기 의 조건에 맞는 덧셈식을 구하시오.

보기

- 카드를 한 번씩 모두 사용하여 두 진분수를 만듭니다.
- 두 진분수의 분모는 같습니다.
- 두 진분수의 합이 가장 작을 때의 덧셈식입니다.

6. □의 값을 구하시오.

$5\frac{4}{\square}$는 $8\frac{3}{\square}$보다 $2\frac{10}{\square}$만큼 작은 수입니다.

1. 혜정이는 땅콩을 전체의 $\frac{4}{13}$만큼, 호민이는 전체의 $\frac{6}{13}$만큼 먹었습니다. 남은 땅콩의 개수가 21개라면, 처음에 있던 땅콩의 전체 개수는 몇 개인지 구하시오.

2. 삼각형 ㄱㄹㄴ과 삼각형 ㄴㄹㄷ은 각각 이등변삼각형입니다. □ 안에 들어갈 알맞은 수를 쓰시오.

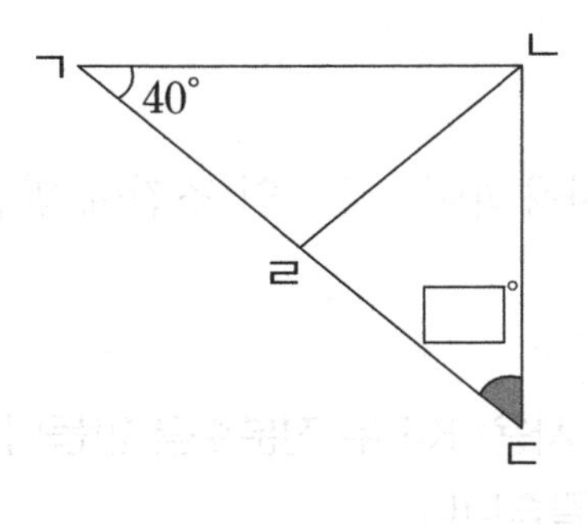

3. 둔각삼각형의 한 각의 크기가 75°입니다. 10°~60° 중 다른 한 각이 될 수 있는 각도를 모두 쓰시오.

4. 삼각형 ㄱㄴㄷ은 정삼각형입니다. 빈칸에 들어갈 말을 순서대로 쓰시오.

각 ㄹㄱㄴ의 크기는 □°이고, 삼각형 ㄱㄴㄹ은 변의 길이에 따라 분류하면 □삼각형이고, 각의 크기에 따라 분류하면 □삼각형입니다.

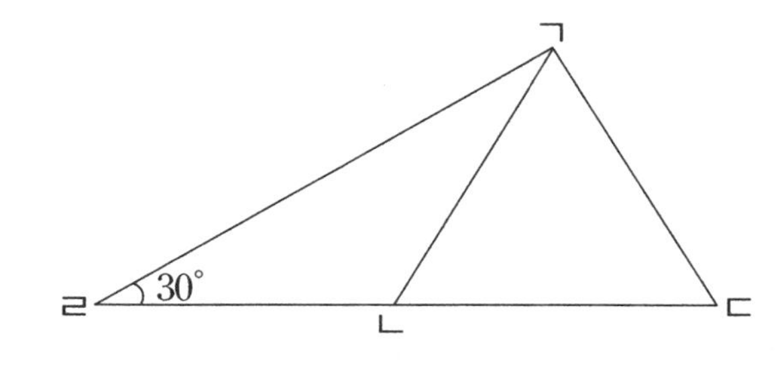

5. 보기 에서 설명하는 수의 $\frac{1}{10}$을 구하시오.

보기

십의 자리 숫자가 2, 일의 자리 숫자가 3, 소수 첫째 자리 숫자가 5, 소수 둘째 자리 숫자가 8인 소수 두 자리 수

6. 보기 의 ㉠과 ㉡을 소수로 나타내고 합과 차를 구하시오.

보기

㉠: 1이 4개, $\frac{1}{10}$이 7개, $\frac{1}{100}$이 18개인 수

㉡: 1이 3개, $\frac{1}{10}$이 19개, $\frac{1}{100}$이 5개인 수

학교 공부 다지기 5

1. 길이가 6.24 m인 끈 3개와 길이가 2.05 m인 끈 3개를 이어 붙였습니다. 겹쳐진 부분의 길이가 11 cm씩이라면 이은 전체 끈의 길이는 몇 m인지 구하시오.

2. 삼각형 ㄱㄴㄷ의 세 변의 길이의 합을 구하시오.

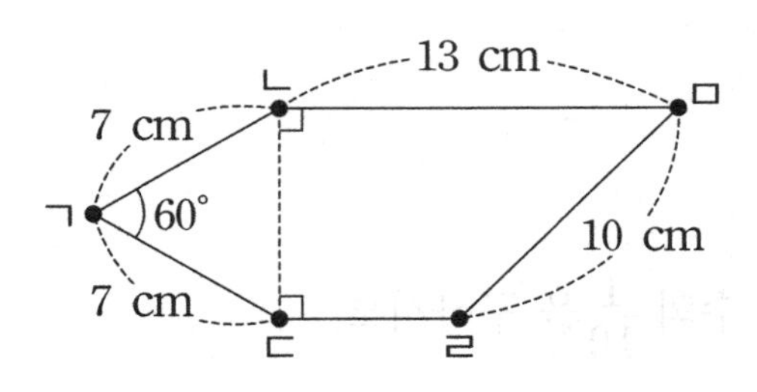

3. 사다리꼴 ㄱㄴㄷㄹ에서 각 ㄴㄱㄷ의 크기는 몇 도인지 구하시오.

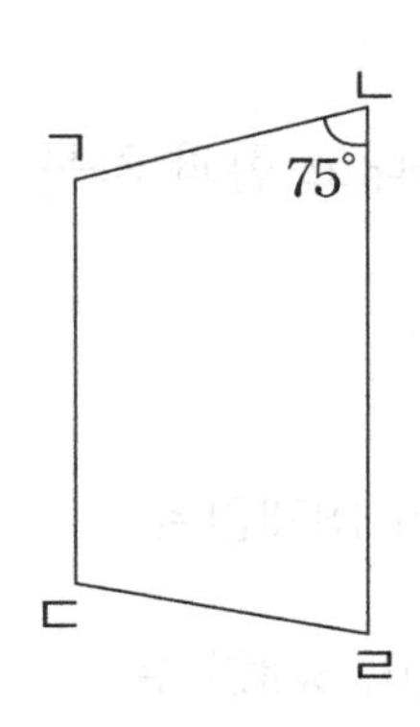

4. 지민이의 키를 1학년부터 4학년까지 조사하여 나타낸 꺾은선그래프입니다. 이 꺾은선 그래프를 세로 눈금 한 칸의 크기를 작게 잡아 다시 나타내려고 합니다. 어떻게 나타내야 하는지 쓰시오

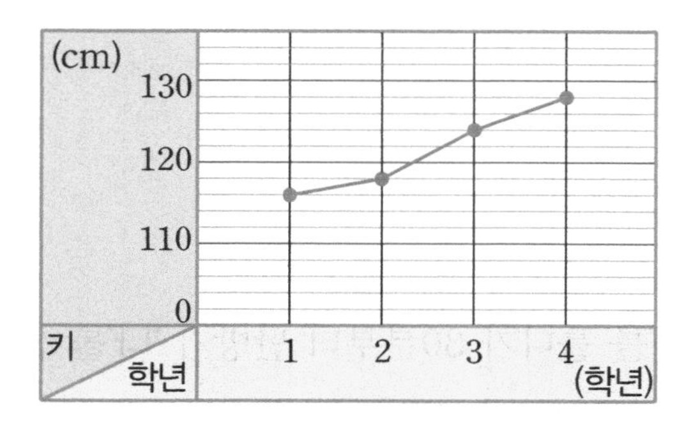

5. 직사각형 종이를 다음과 같이 접었을 때 □에 들어갈 각도를 구하시오.

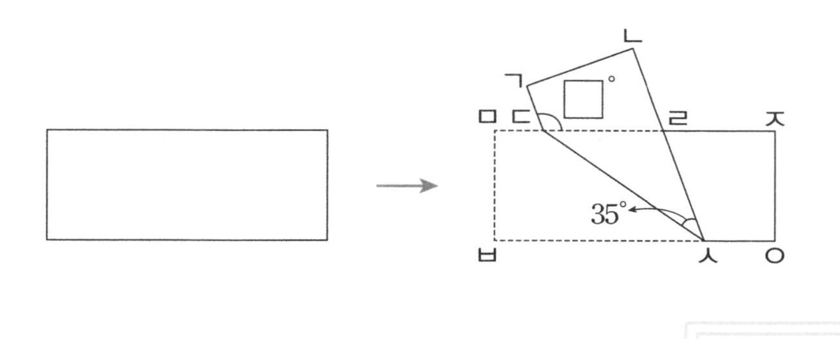

6. 어느 상점에서 35일간의 과자 판매량을 7일마다 조사하여 나타낸 꺾은선그래프입니다. 과자 1박스의 가격이 1500원일 때 조사 기간 동안 과자를 판매한 총 금액을 쓰시오.

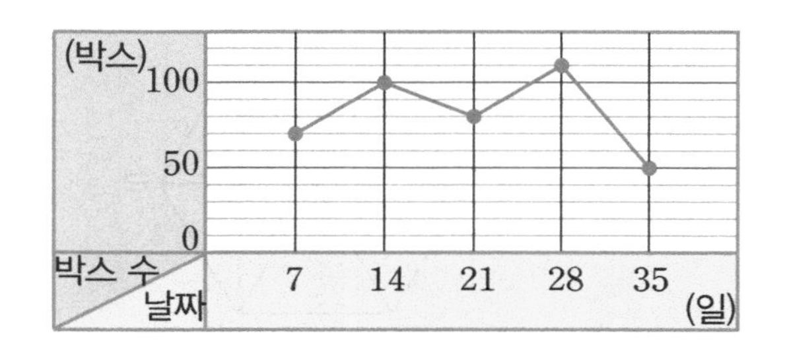

1. 정육각형의 한 각의 크기는 몇 도인지 구하려고 합니다. 정육각형을 삼각형으로 나누어 삼각형의 세 각의 크기의 합을 이용하여 구하는 방법을 설명하시오.

2. 30분까지 난방기 '가'를 틀다가 30분부터 난방기 '나'를 동시에 틀었을 때의 온도 변화를 나타낸 꺾은선그래프입니다. 난방기 '가'만 1시간 틀었을 때와 난방기 '나'만 1시간 틀었을 때의 온도 변화를 각각 쓰시오.

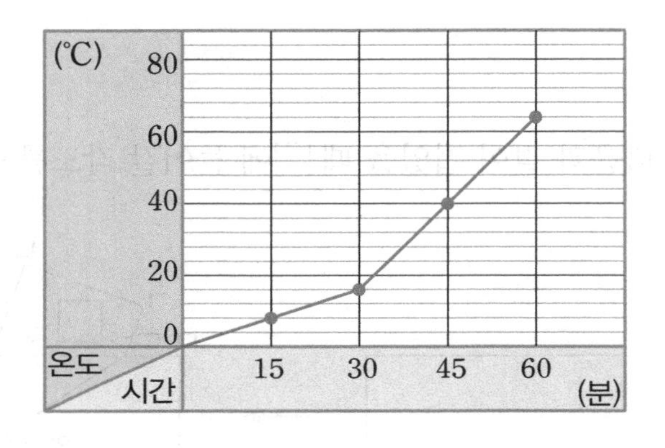

3. 크기가 같은 정삼각형 6개를 겹치지 않게 이어 붙여 정육각형을 만들었습니다. 선분 ㄴㅂ과 선분 ㄷㅁ의 합이 7 cm일 때, 모든 대각선의 길이의 합을 구하시오.

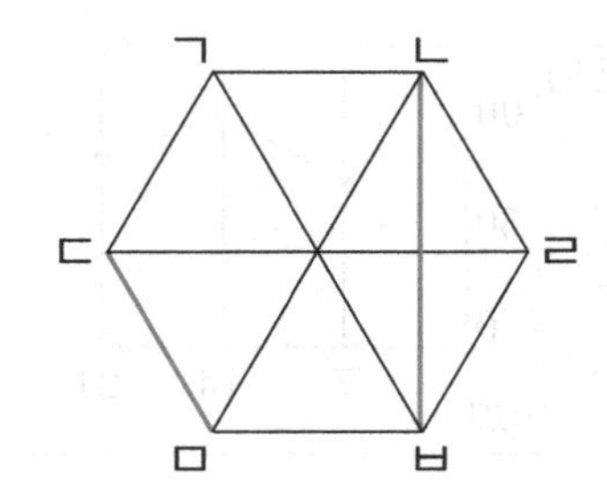

4. 다음 3가지 모양 조각을 모두 한 번씩만 사용하여 정육각형을 만들었습니다. 가장 긴 대각선의 길이는 몇 cm인지 쓰시오.

5. 가 저금통에는 3주 동안 매일 250원씩 저금을 하였고, 나 저금통에는 일주일 동안 이틀은 600원을, 나머지 기간은 800원씩 저금하여서, 4주 동안 저금하였습니다. 다 저금통에는 가 저금통에 저금한 돈의 3배보다 640원 더 적게 저금하였습니다. 저금통에 저금한 돈이 가장 많은 저금통은 무엇인지 쓰고, 나머지 두 저금통의 금액을 합한 것과 얼마만큼 차이가 나는지 구하시오.

6. 어떤 수를 14로 나눈 다음 9를 더해야 할 것을, 14를 곱한 후에 9를 뺐더니 9595가 되었습니다. 어떤 수는 몇이고, 바르게 계산한 값을 쓰시오.

학교 공부 다지기 7

1. 사각형 ㄱㄴㄷㄹ은 네 변의 길이의 합이 44 cm인 평행사변형입니다. 변 ㄱㄴ과 변 ㄴㄷ의 길이의 차가 4 cm일 때, 변 ㄷㄹ의 길이를 구하고 해결 과정도 쓰시오. (단, 변 ㄴㄷ의 길이가 변 ㄱㄴ의 길이보다 깁니다.)

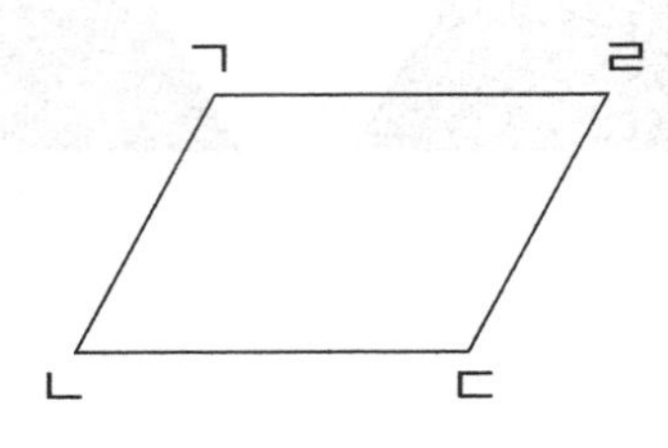

2. 최대공약수가 5이고, 최소공배수가 585인 두 수가 있습니다. 이 두 수의 합이 110일 때, 두 수를 각각 구하시오.

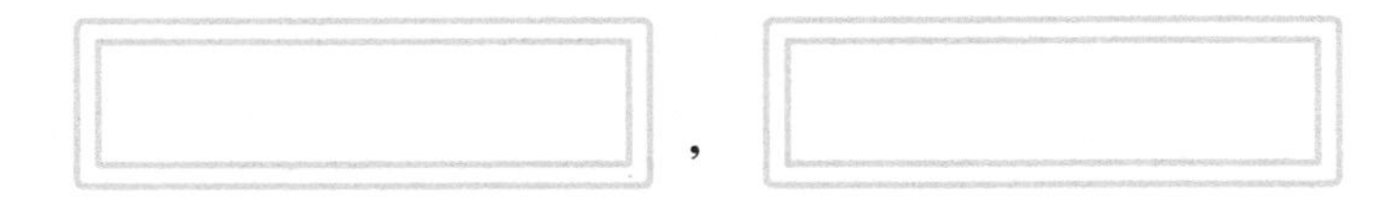

3. 어떤 수의 배수를 구하였더니 9째 배수와 11째 배수의 차가 32였습니다. 어떤 수의 8째 배수와 15째 배수를 각각 구하시오.

4. 장난감 피아노의 '도'를 누르면 8초마다 소리가 들립니다. '레'를 누르면 16초마다 소리가 들립니다. '미'를 누르면 12초마다 소리가 들립니다. 오전 10시에 장난감 피아노의 '도, 레, 미'가 동시에 소리가 들렸다면 그 이후에 15번째로 동시에 소리가 나는 시각은 몇 시 몇 분인지 구하시오.

5. 다음과 같은 숫자 카드 5장의 수를 모두 이용하여 조건에 맞는 계산식을 만들려고 합니다. 알맞은 식을 구하여 쓰시오.

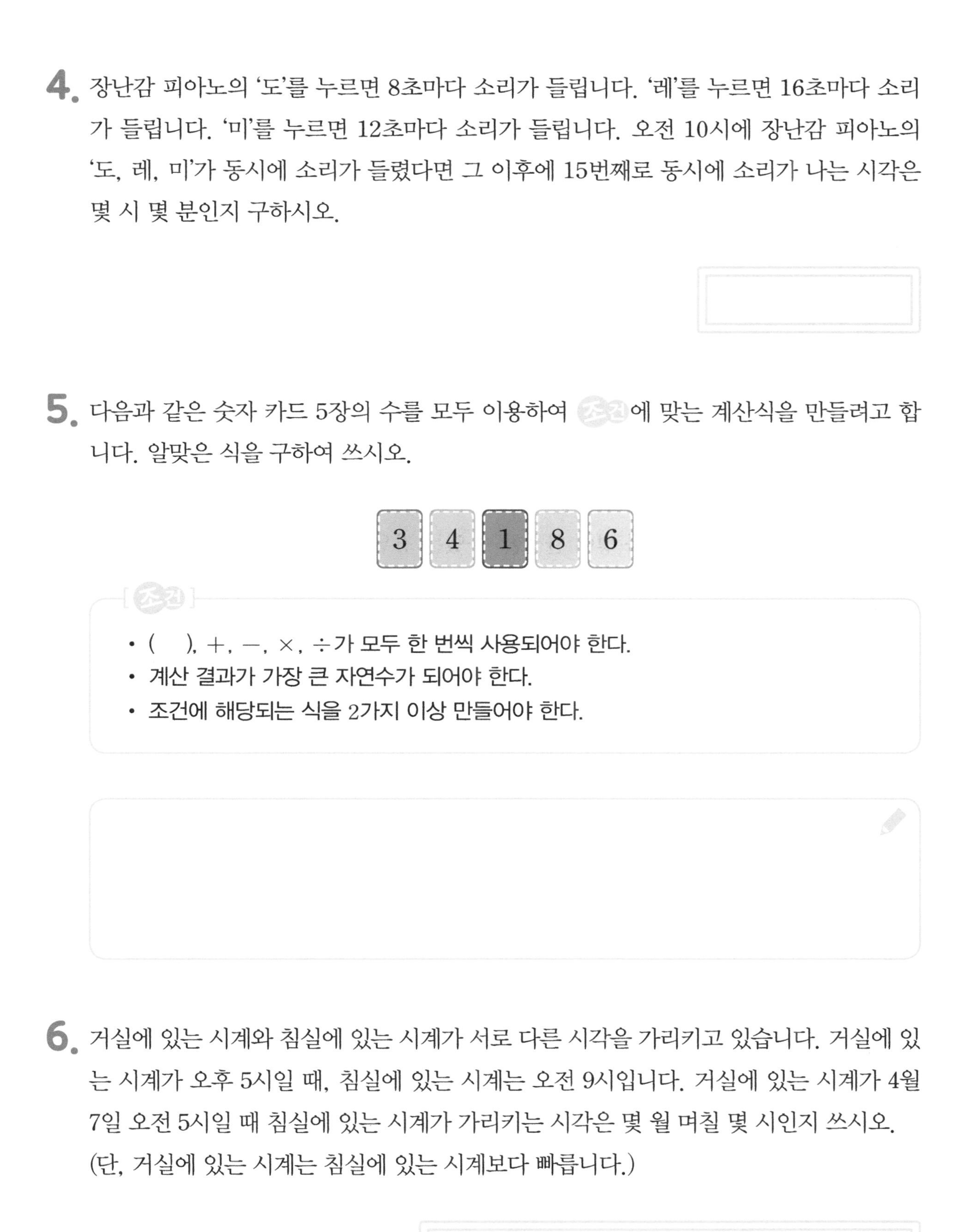

조건

- (　), +, −, ×, ÷가 모두 한 번씩 사용되어야 한다.
- 계산 결과가 가장 큰 자연수가 되어야 한다.
- 조건에 해당되는 식을 2가지 이상 만들어야 한다.

6. 거실에 있는 시계와 침실에 있는 시계가 서로 다른 시각을 가리키고 있습니다. 거실에 있는 시계가 오후 5시일 때, 침실에 있는 시계는 오전 9시입니다. 거실에 있는 시계가 4월 7일 오전 5시일 때 침실에 있는 시계가 가리키는 시각은 몇 월 며칠 몇 시인지 쓰시오. (단, 거실에 있는 시계는 침실에 있는 시계보다 빠릅니다.)

1. 행복아파트의 재활용품 분리 수거날입니다. 분리수거장에 재활용품이 1 kg에서 5분마다 2배씩 늘어나고 있습니다. 행복아파트의 분리수거장이 9곳이라면 40분 뒤에 모은 재활용품은 모두 몇 kg인지 구하시오.

2. 다음 제시된 두 분수는 크기가 같고 모두 진분수입니다. 분자 △과 ○의 값이 다를 경우, △과 ○에 알맞은 수를 넣어 완성할 수 있는 경우를 모두 구하시오.

$$\frac{\triangle}{4} \quad \frac{\bigcirc}{20}$$

3. 진분수의 분모와 분자의 최소공배수가 441입니다. 이 분수를 기약분수로 나타내었을 때 $\frac{7}{9}$입니다. 이 분수를 구하시오.

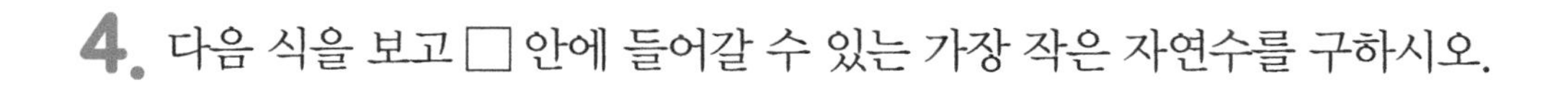

4. 다음 식을 보고 □ 안에 들어갈 수 있는 가장 작은 자연수를 구하시오.

$$\frac{2}{\square} < \frac{6}{10} < \frac{8}{11}$$

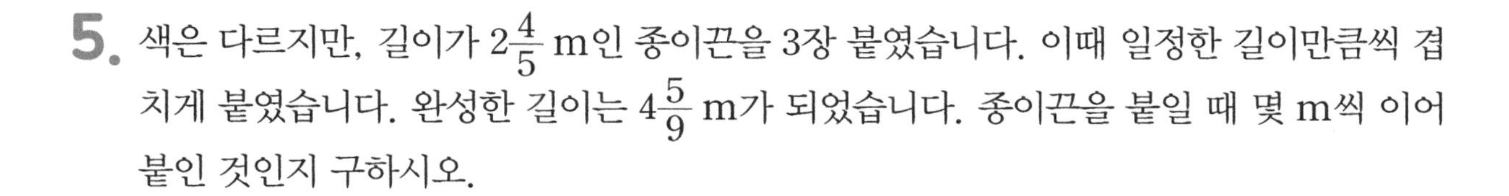

5. 색은 다르지만, 길이가 $2\frac{4}{5}$ m인 종이끈을 3장 붙였습니다. 이때 일정한 길이만큼씩 겹치게 붙였습니다. 완성한 길이는 $4\frac{5}{9}$ m가 되었습니다. 종이끈을 붙일 때 몇 m씩 이어 붙인 것인지 구하시오.

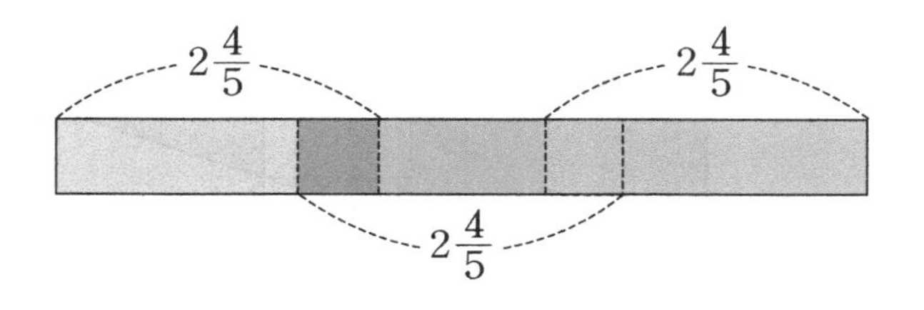

6. 상자에 소금을 넣고 무게를 재었더니 $6\frac{4}{5}$ kg이었습니다. 상자에 든 소금의 절반을 덜어내고, 무게를 재었더니 $4\frac{3}{8}$ kg이었습니다. 상자의 무게는 몇 kg인지 구하시오.

1. 다음 도형의 둘레를 합한 값은 얼마입니까?

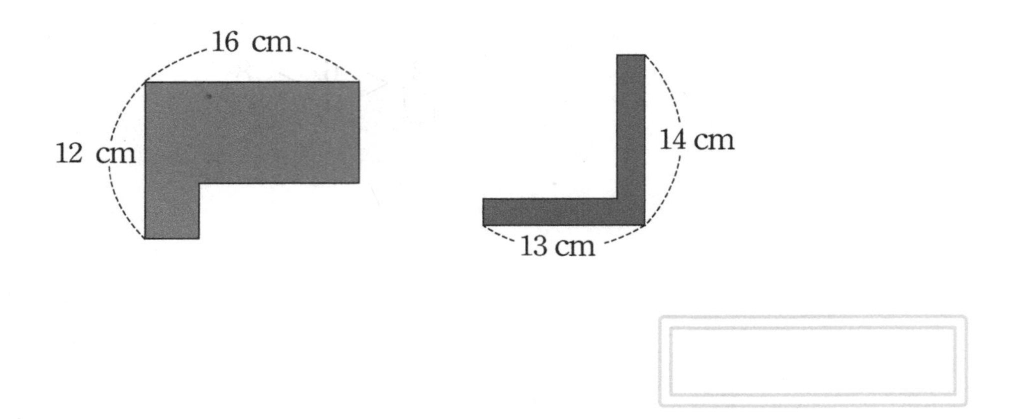

2. 다음은 정사각형 3개를 연결하여 붙인 도형입니다. 색칠한 부분의 넓이를 구하시오.

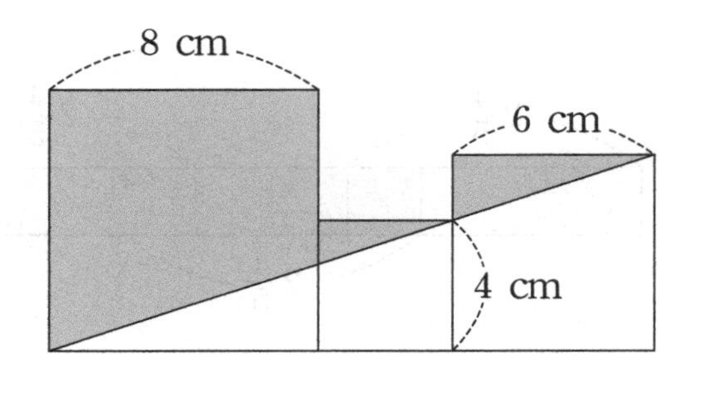

3. 제시된 도형은 평행사변형입니다. 도형 안의 선분ㄱㅇ의 길이는 몇인지 구하시오.

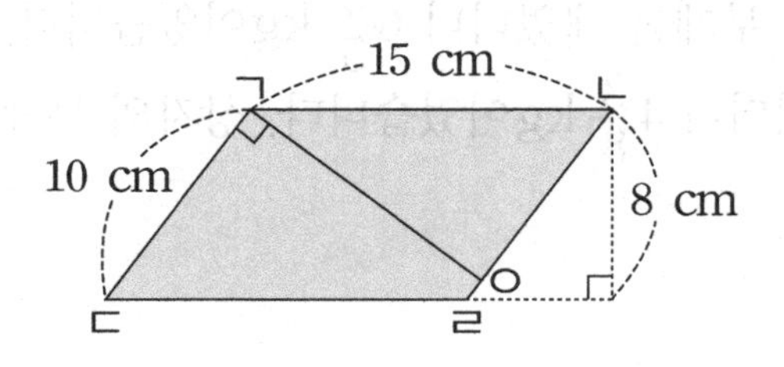

4. 사다리꼴 ㄱㄴㄷㄹ의 넓이가 481 cm^2라면, 사다리꼴 ㄱㅁㄷㅂ의 높이는 얼마인지 구하시오.

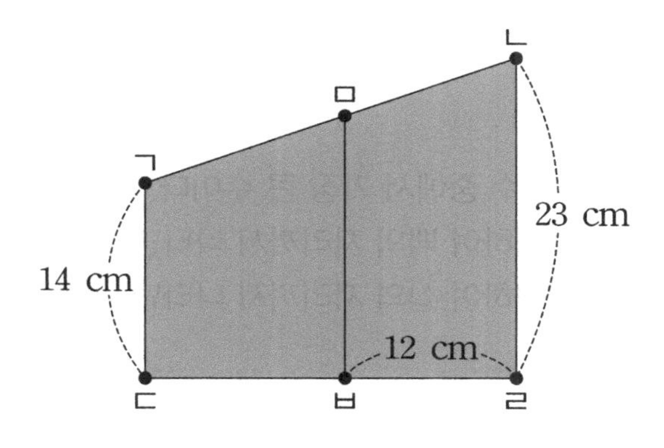

5. 사랑초등학교 5학년 학생들이 체험학습을 가려고 합니다. 모든 학생들이 타려면 45인승 버스가 적어도 7대 필요합니다. 사랑초등학교 5학년 학생들의 수는 몇 명 이상 몇 명 이하인지 구하시오.

6. 둘레가 55 cm 이상 70 cm 미만인 정오각형을 그리려고 합니다. 다음 중 정오각형의 한 변의 길이가 될 수 없는 수의 범위를 모두 구하시오.

1. 네 장의 수 카드를 한 번씩만 사용하여 조건에 맞는 수를 각각 구하시오.

① 만들 수 있는 네 자리 수 중에서 가장 큰 수이다.
② ①에서 만든 수를 올림하여 백의 자리까지 나타낸 수이다.
③ ①에서 만든 수를 버림하여 십의 자리까지 나타낸 수이다.

2. 의 조건을 만족하는 수를 모두 구하시오.

보기

① 세 자리 수이다.
② 버림하여 십의 자리까지 나타내면 750이다.
③ 반올림하여 십의 자리까지 나타내면 750이고, 올림하여 십의 자리까지 나타내면 760이다.

3. 정사각형 모양의 밭이 있습니다. 밭의 세로를 3배로 늘리고, 가로를 $\frac{1}{4}$만큼 줄였습니다. 새로 만든 밭의 넓이는 처음 밭의 넓이의 몇 배인지 구하시오.

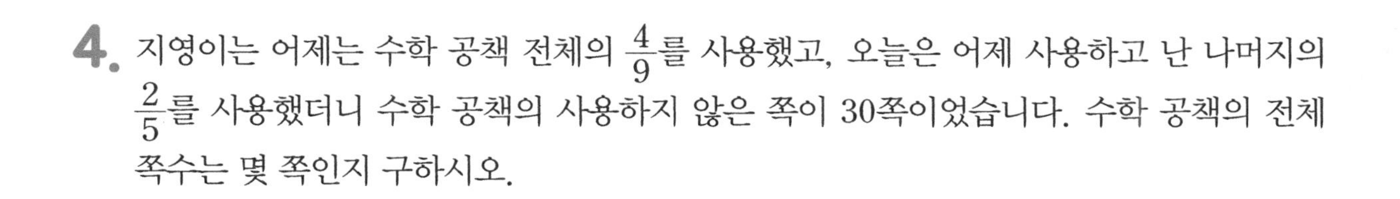

4. 지영이는 어제는 수학 공책 전체의 $\frac{4}{9}$를 사용했고, 오늘은 어제 사용하고 난 나머지의 $\frac{2}{5}$를 사용했더니 수학 공책의 사용하지 않은 쪽이 30쪽이었습니다. 수학 공책의 전체 쪽수는 몇 쪽인지 구하시오.

5. 서준이는 장난감의 $\frac{3}{8}$을 자기집에 두었고, 나머지는 모두 이웃집 동생에게 주었습니다. 학교에서 열린 알뜰 시장에 서준이는 자기 집에 있는 장난감의 $\frac{1}{6}$을 내고, 이웃집 동생은 서준이에게 받은 장난감의 $\frac{3}{10}$을 내었습니다. 두 사람이 알뜰 시장에 낸 장난감은 처음 서준이가 가지고 있던 장난감의 몇 분의 몇인지 구하시오.

6. 다음 분수는 일정한 규칙에 따라 쓴 것입니다. 규칙에 따라 나열하면 32째와 71째의 곱은 얼마인지 구하시오.

$$\frac{2}{5} \quad \frac{3}{6} \quad \frac{4}{7} \quad \frac{5}{8} \quad \frac{6}{9} \quad \frac{7}{10}$$

자기주도 학습 체크리스트

- 자기주도 학습 체크리스트에 공부 계획을 세워 보세요.
- 강의를 듣기 전에 먼저 스스로 생각하며 풀어 보세요.
- 선생님의 친절한 강의를 들을 때는 질문에 대답해 가며 강의에 참여하세요.
- 강의를 듣는 데는 30분이면 충분해요.
- 공부를 마치고 확인란에 체크해 주세요.
- 계획을 잘 실천한 자신을 칭찬해 주세요.

영상	단원	제목	계획일	확인
11	수학비밀 01	고대 마야 수		
12	수학비밀 02	고대 로마 숫자		
13	수학비밀 03	평행선의 성질 탐구		
	수학비밀 04	평행선상의 각		
14	수학비밀 05	혼합 계산의 순서		
15	수학비밀 06	혼합 계산의 활용		
16	수학비밀 07	가우스의 방법		
17	수학비밀 08	그림으로 합 구하기		
	수학비밀 09	더 빠르게, 더 쉽게		
18	수학비밀 10	신기한 연산 방법		
19	수학비밀 11	정보 분석하기		
	수학비밀 12	정보는 충분한가 부족한가		
20	수학비밀 13	문제 해결의 과정		
21	수학비밀 14	표 만들어 해결하기		
	수학비밀 15	그림 그려 해결하기		
22	수학비밀 16	예상하고 확인하여 해결하기		
	수학비밀 17	규칙 찾아 해결하기 – 달력의 규칙		
23	수학비밀 18	문제 해결 전략 적용하기		
	수학비밀 19	여러 가지 방법으로 해결하기		
24	수학비밀 20	새로운 문제를 만들어 해결하기		
	수학비밀 21	틀을 깨는 문제		
25	수학비밀 22	경우의 수 세기		
	수학비밀 23	토너먼트		
26	수학비밀 24	기준 정하여 세기		
27	수학비밀 25	선분 만들기		
	수학비밀 26	도형의 개수 구하기		
28	수학비밀 27	경로의 수		
29	수학비밀 28	타일 덮기		
30	수학비밀 29	벌집 퍼즐		
31	수학비밀 30	꼭짓점 퍼즐		
	수학비밀 31	십자 퍼즐		
	수학비밀 32	ㄱ자 퍼즐		
32	수학비밀 33	3차 마방진		
33	수학비밀 34	마방진의 성질		
	수학비밀 35	4차 마방진		
34	수학비밀 36	삼각진		
35	수학비밀 37	테두리 방진		
36	수학비밀 38	규칙 찾기		
37	수학비밀 39	규칙 찾아 해결하기		
38	수학비밀 40	하노이의 탑		
39	수학비밀 41	여러 가지 수열		
40	수학비밀 42	신비한 도형수		
	수학비밀 43	도형수 사이의 관계		

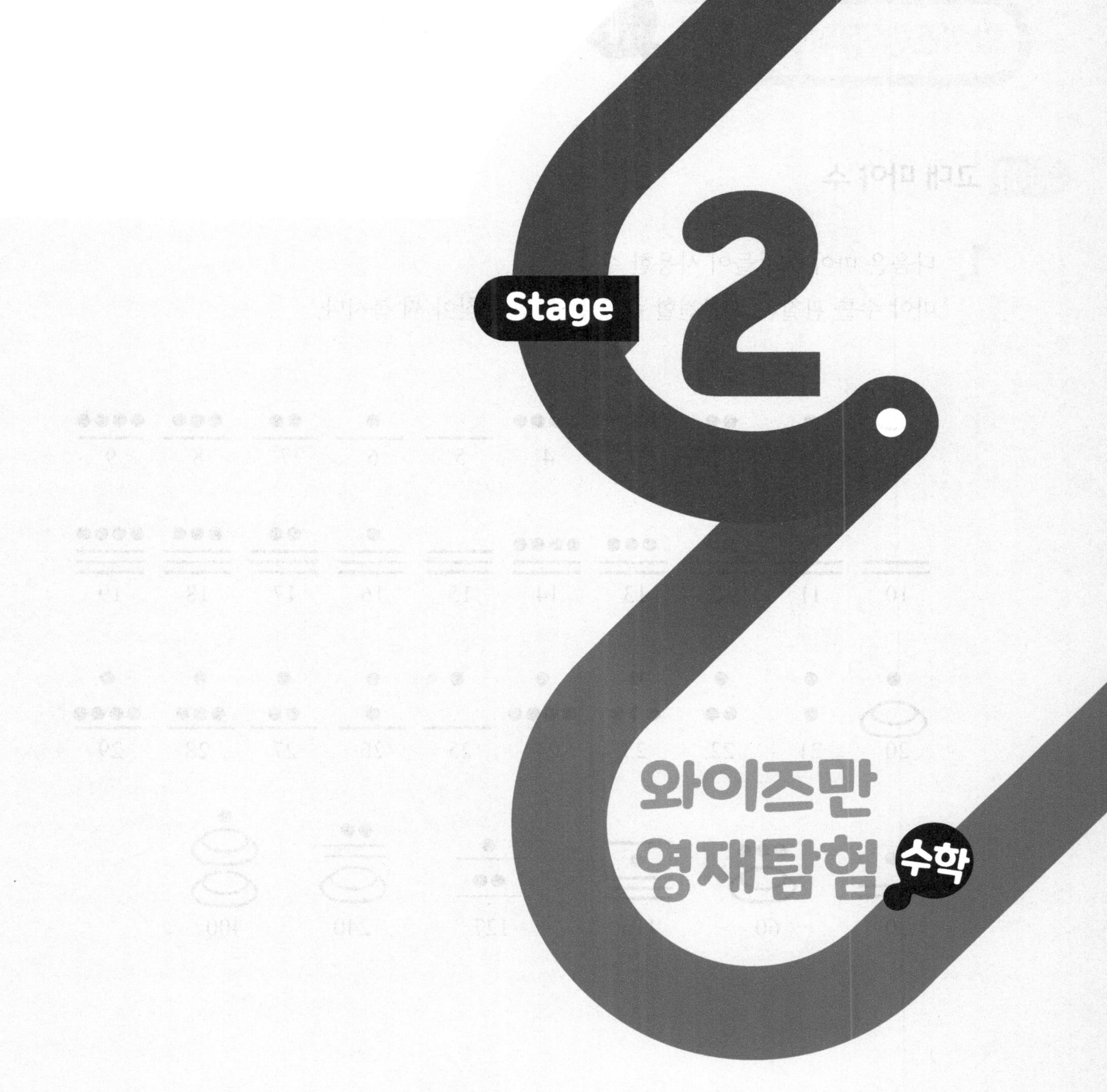
Stage
2
와이즈만
영재탐험
수학

수학비밀 01 고대 마야 수

1. 다음은 마야 사람들이 사용한 수입니다.
마야 수를 관찰하고 발견할 수 있는 특징을 찾아 써 봅시다.

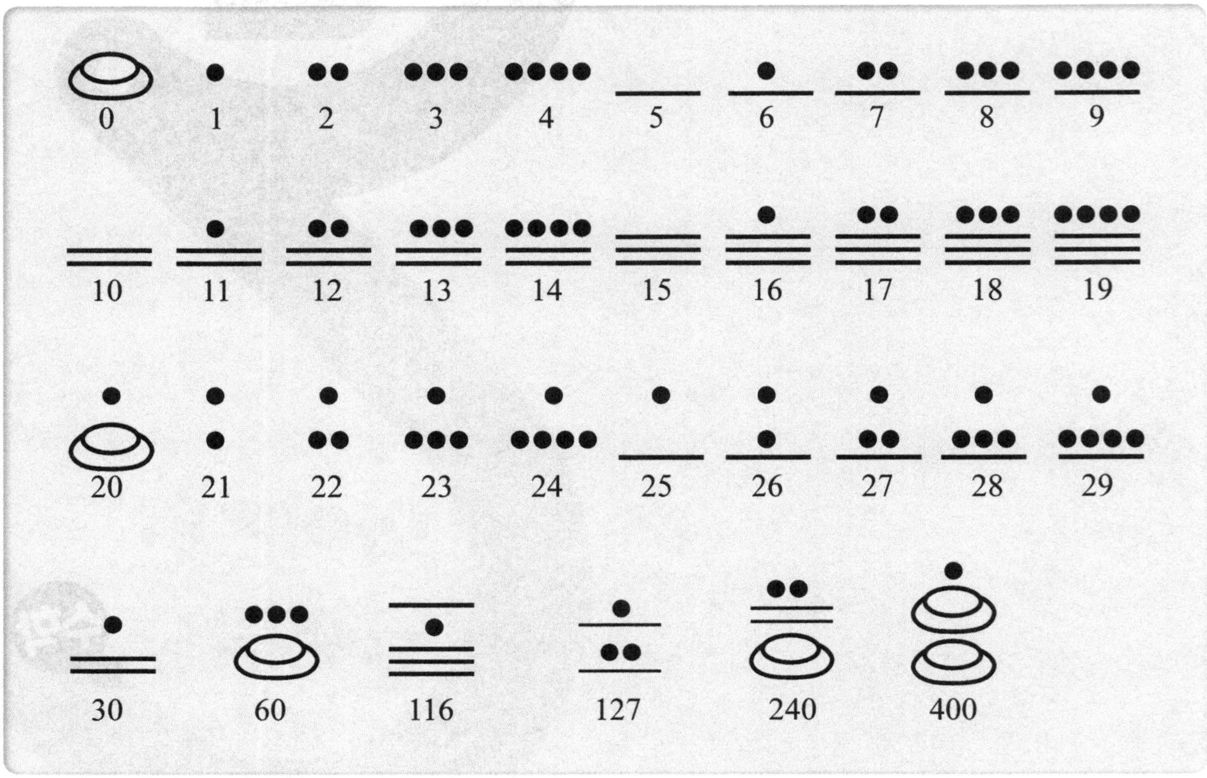

0 1 2 3 4 5 6 7 8 9

10 11 12 13 14 15 16 17 18 19

20 21 22 23 24 25 26 27 28 29

30 60 116 127 240 400

2. 다음은 마야 수의 일부입니다. 단위에 따라 각 기호의 위치가 어떻게 바뀌는지 찾아 써 봅시다.

설명의 창

마야 사람들은 3세기경부터 이미 0을 포함한 수 체계를 갖고 계산했습니다. 0의 사용은 인도보다는 300년, 아라비아 상인보다는 700년 정도 앞선 것입니다.

마야의 수 체계는 20진법을 기초로 하고 있습니다. 20진법을 사용한 정확한 이유는 알 수 없지만 마야 문명이 번성할 당시 기후가 매우 따뜻하여 신발을 신을 이유가 없었기 때문에 손가락과 발가락 개수의 합을 기본으로 삼았을 것이라고 예상할 수 있습니다.

그런데 마야 사람들이 만든 달력을 보면 새로운 사실을 찾을 수 있습니다.

마야 사람들은 태양과 태양력을 매우 중요시하여 달력에서는 그들의 수 체계를 1년(365일 정도로 구성된다고 계산함)의 크기와 같이 변형하여 사용하였습니다. 즉 정상적인 규칙에 의하면 자릿값이 1, 20, 400, 8000이 맞으나 달력에서는 자릿값을 1, 20, 360, 7200으로 바꾸어 나타냈습니다.

3. 보기와 같이 마야 수 표기법 규칙에 따라 마야 수를 인도 · 아라비아 수로, 인도 · 아라비아 수를 마야 수로 바꾸어 봅시다.

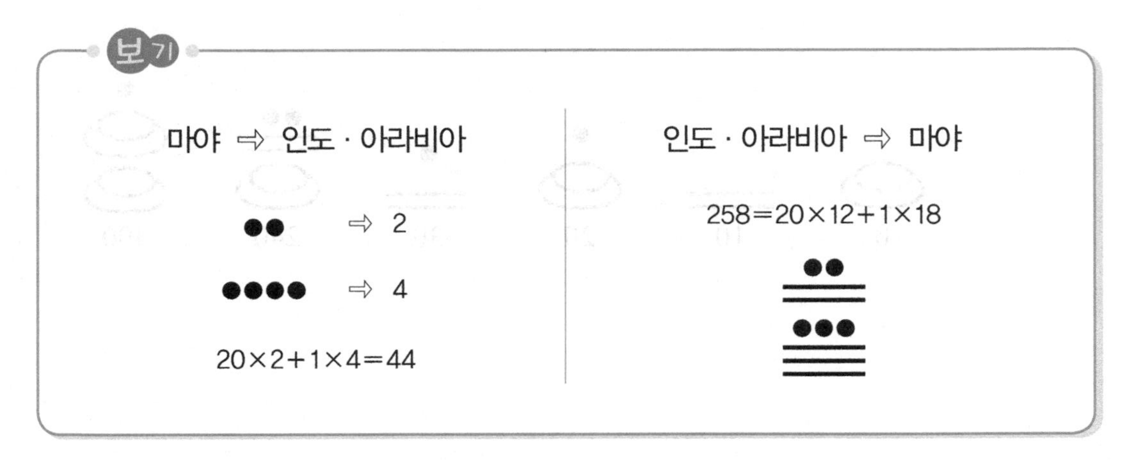

①

(　　　　)

②

(　　　　)

③

314

④

1527

4. 열쇠의 앞면에 적힌 수는 얼마인가요? 열쇠의 앞면과 뒷면에 적힌 수의 합을 구하여 타임머신에 입력해 봅시다.

수학비밀 02 고대 로마 숫자

1. 다음은 창의와 지혜가 세 번째 여행지에 도착해서 찾은 열쇠와 편지입니다. 열쇠의 뒷면에는 어떤 인도 · 아라비아 수가 적혀 있었는지 생각한 대로 적어 봅시다.

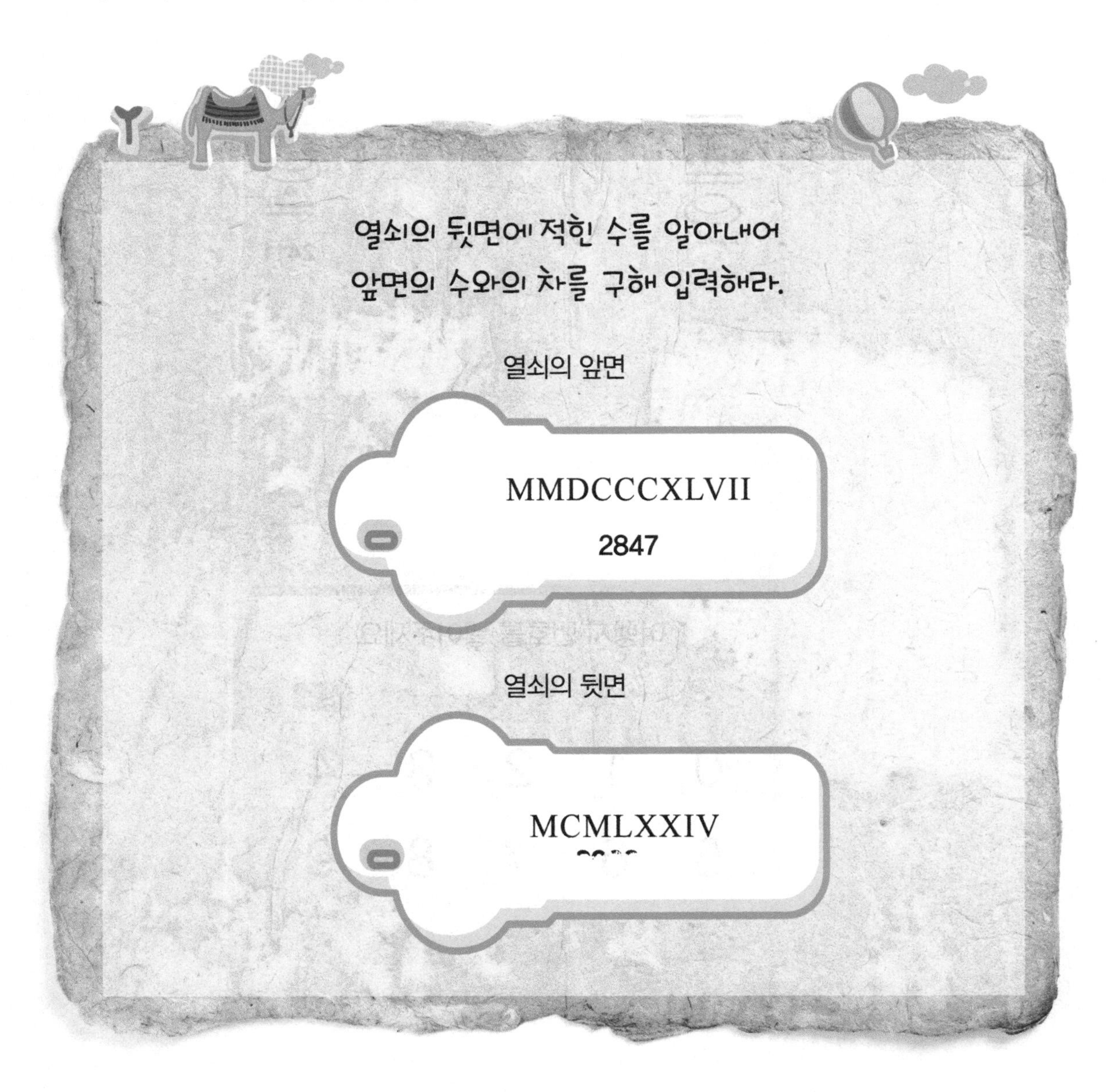

2. 다음은 고대 로마 사람들이 사용한 수입니다. 고대 로마 수의 규칙을 찾아 정리해 봅시다.

I	II	III	IV	V	VI	VII	VIII	IX	X
1	2	3	4	5	6	7	8	9	10
XI	XII	XIII	XIV	XV	XVI	XVII	XVIII	XIX	XX
11	12	13	14	15	16	17	18	19	20
L	C	D	M						
50	100	500	1000						
XX	XXX	XL	LX	XCIV	CXVI				
20	30	40	60	94	116				

규칙

① : 같은 문자를 2번 또는 3번 반복하여 쓴 수의 크기는 그 문자를 한 번 쓴 수의 크기의 ______ 또는 ______ 를 나타냅니다.

② : 작은 값을 나타내는 문자가 큰 값을 나타내는 문자의 오른쪽에 있을 때에는 ______

③ : 작은 값을 나타내는 문자가 큰 값을 나타내는 문자의 왼쪽에 있을 때에는 ______

고대 로마 수에서 발견할 수 있는 특징을 찾아 써 봅시다.

3. 다음은 앞에서 찾은 **규칙**③에 대한 조건입니다. 다음 조건을 보고 규칙에 맞도록 고대 로마 수는 인도 · 아라비아 수로, 인도 · 아라비아 수는 고대 로마 수로 바꾸어 봅시다.

조건

① I, X, C만 다른 문자 왼쪽에 사용하여 뺄 수 있습니다.

IV, XL	VX, LC, DM
(◯)	(✕)

② 숫자를 뺄 때 그 수의 10배보다 더 큰 수에서는 뺄 수 없습니다.

IX, CM	IXX, IC
(◯)	(✕)

③ 하나의 수만 뺄 수 있습니다.

13 → XIII	XIIV, IIXV
(◯)	(✕)

① **18**

② **2499**

③ **CLXI**

④ **DXLVI**

4. 열쇠의 뒷면에 적힌 수는 얼마입니까? 열쇠의 앞면과 뒷면에 적힌 수의 차를 구하여 인도 · 아라비아 수로 타임머신에 입력해 봅시다.

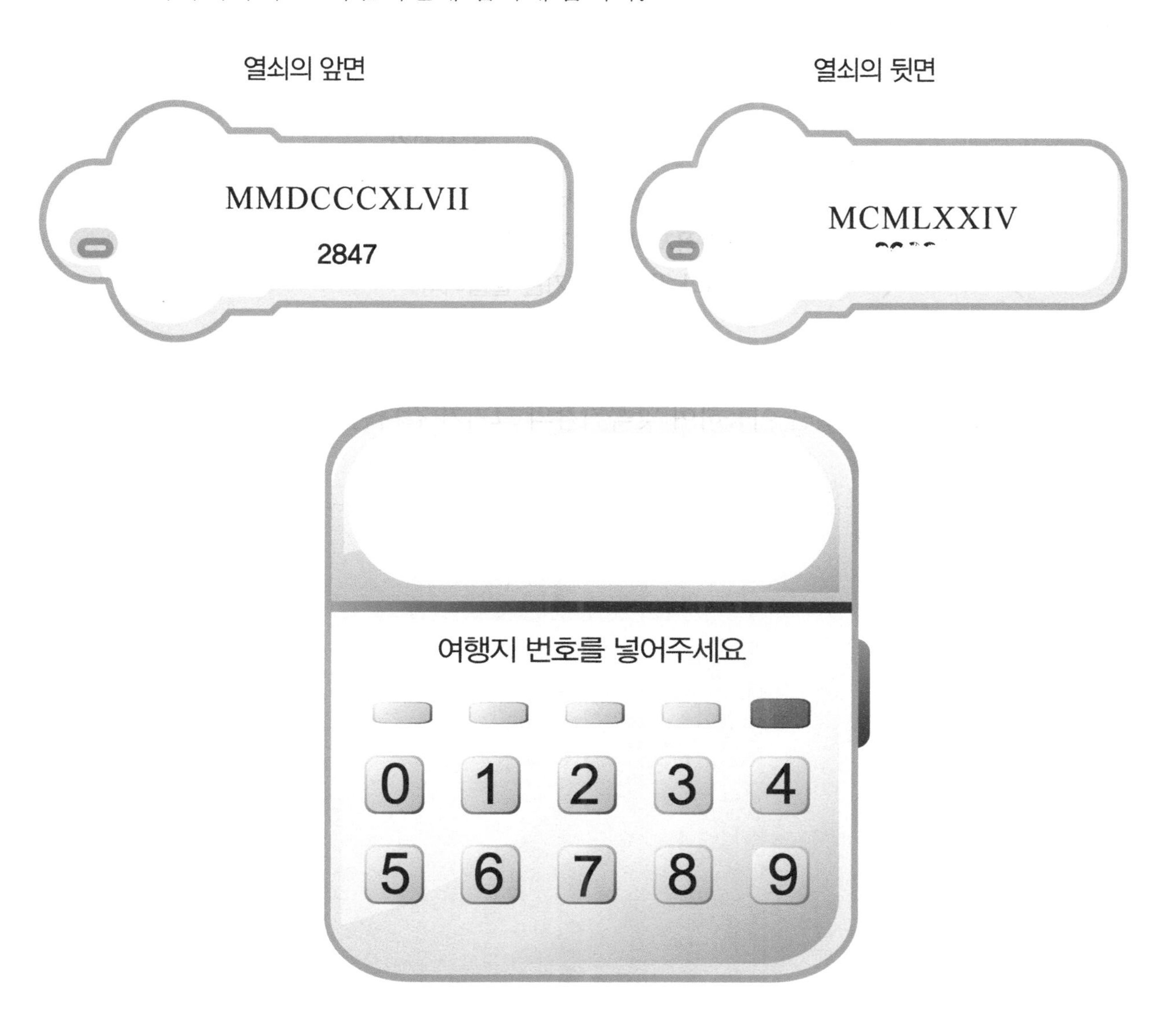

수학비밀 03 평행선의 성질 탐구

다음은 맞꼭지각에 대한 설명입니다.

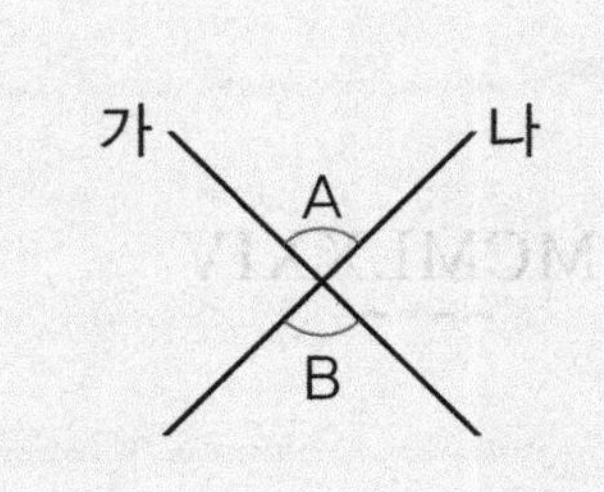

맞꼭지각

직선 가와 나가 만나서 생기는 각 A는 각 B의 맞꼭지각입니다.
이 때, 맞꼭지각의 크기는 서로 같습니다.
즉, 각 A와 각 B의 크기는 같습니다.

1. 직선은 180°라는 사실을 이용하여 맞꼭지각의 크기가 같다는 사실을 설명해 봅시다.

2. 다음은 평행한 두 직선을 지나는 다른 직선을 그린 것입니다. 맞꼭지각을 찾아 표시해 봅시다.

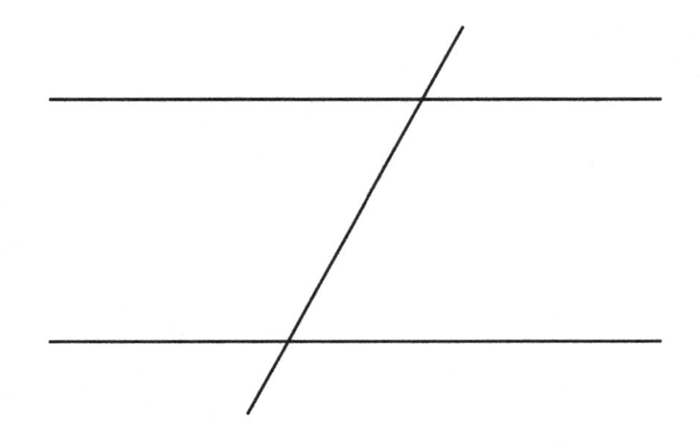

평행한 두 직선 가, 나와 다른 직선 다가 만나 생기는 각에 대하여 알아봅시다.

동위각

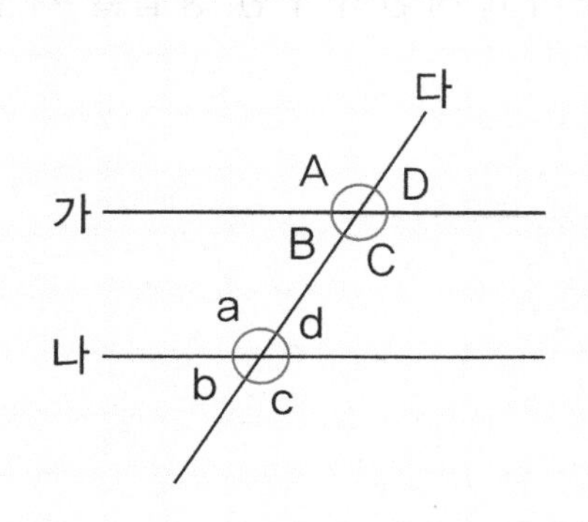

직선 가, 나와 다른 직선 다가 만날 때 이루어지는 8개의 각 중에서 A와 a, B와 b, C와 c, D와 d를 동위각이라고 합니다. 평행선과 한 직선이 만날 때, 동위각의 크기는 서로 같습니다. 즉, (각 A)=(각 a), (각 B)=(각 b), (각 C)=(각 c), (각 D)=(각 d)입니다.

엇각

직선 가, 나와 다른 직선 다가 만날 때 이루어지는 8개의 각 중에서 B와 d, C와 a를 엇각이라고 합니다. 평행선과 한 직선이 만날 때, 엇각의 크기는 서로 같습니다. 즉, (각 B)=(각 d), (각 C)=(각 a)입니다.

3. 어떤 한 각의 맞꼭지각과 동위각이 같다는 사실을 이용하여 엇각의 크기가 같음을 설명해 봅시다.

수학 비밀 04 평행선상의 각

1. 직선 가와 직선 나는 서로 평행합니다. 각 A의 크기를 구하고 자신이 구한 방법을 써 봅시다.

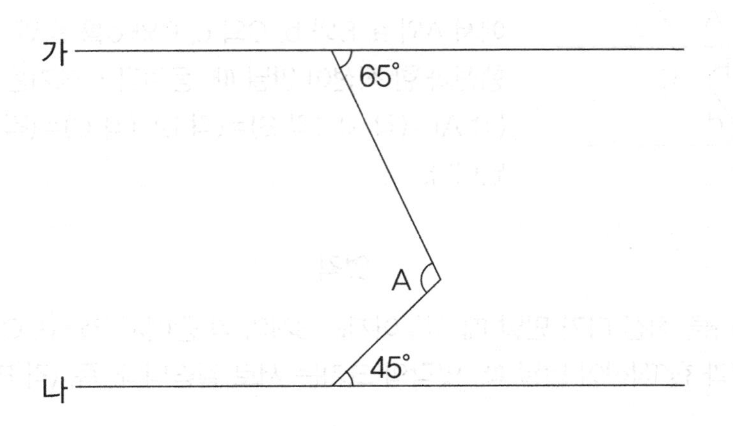

2. 다음은 직사각형 모양의 종이를 접은 그림입니다. 각 A의 크기를 구하고 구한 방법을 써 봅시다.

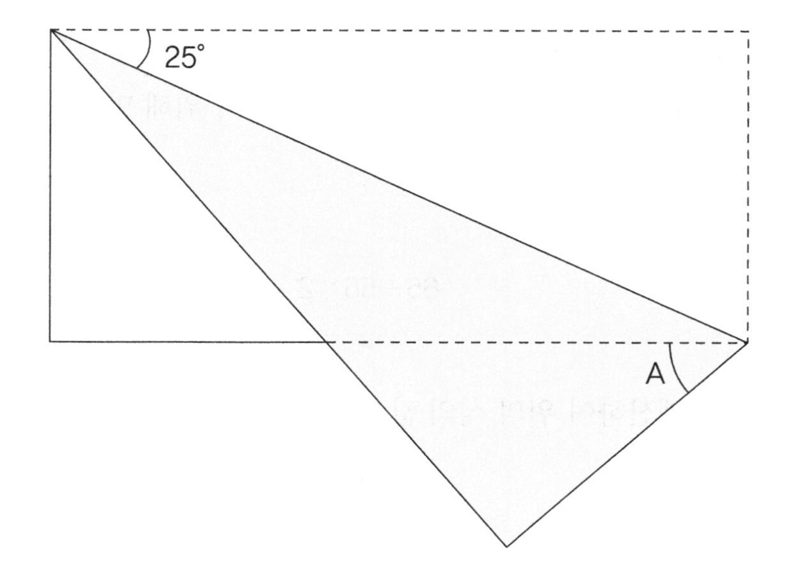

수학비밀 05 혼합 계산의 순서

1. 오늘은 창의네 학교에서 '연산왕 대회'가 열리는 날입니다. 3학년 학생 65명, 4학년 학생 55명이 대회에 참가하는데 3학년과 4학년 학생에게 지우개가 각각 1개, 2개가 필요합니다. 창의가 대회에 필요한 지우개의 개수를 구하기 위해 만든 식을 보고 물음에 답해 봅시다.

$$65+55\times2$$

(1) $65+55$를 먼저 계산하여 위의 식의 값을 구해 봅시다.

(2) 55×2를 먼저 계산하여 위의 식의 값을 구해 봅시다.

(3) (1)과 (2)의 계산 결과를 비교해 봅시다.

어떤 순서로 계산한 것이 옳은 계산인지 적어 봅시다.

2. 다음을 계산해 봅시다.

$$250-65\div5$$

(1) $250-65$를 먼저 계산하여 위의 식의 값을 구해 봅시다.

(2) $65\div5$를 먼저 계산하여 위의 식의 값을 구해 봅시다.

(3) (1)과 (2)의 계산 결과를 비교해 봅시다.

1, 2에서 알 수 있는 사실은 무엇인지 적어 봅시다.

3. 보기와 같이 계산의 순서를 표시하고 계산해 봅시다.

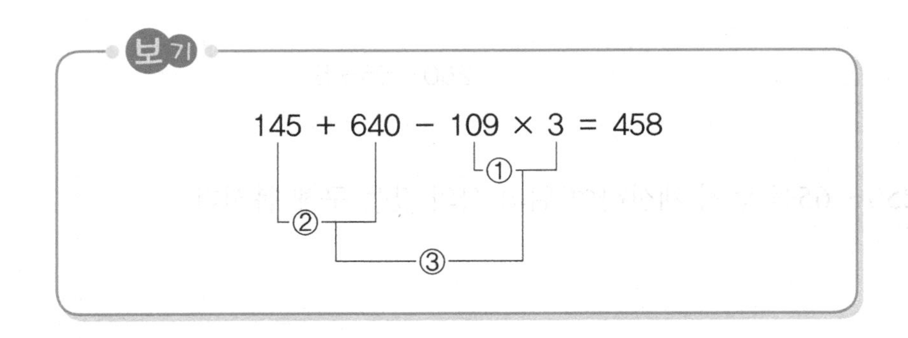

(1) $15\times5+450\div9-43$

(2) $720\div8+14\times7-52$

설명의 창

혼합 계산 순서 약속하기 1

1. 덧셈, 뺄셈, 곱셈이 섞여 있는 식에서는 ( )을 먼저 계산합니다.
2. 덧셈, 뺄셈, 나눗셈이 섞여 있는 식에서는 ( )을 먼저 계산합니다.
3. 덧셈, 뺄셈, 곱셈, 나눗셈이 섞인 식의 계산은 ( )과 ( )부터 순서에 따라 계산한 후 ( )과 ( )을 차례로 계산합니다.

4. '연산왕 대회'를 준비하는 창의와 친구들에게 선생님께서 다음과 같이 연필을 나누어 주시려고 합니다. 물음에 답해 봅시다. (단, 연필 한 타는 12자루입니다.)

> 선생님께서 연필 6타를 꺼내 창의와 지혜에게 15자루씩 나누어 주셨습니다. 남은 연필은 대회를 안내하는 친구들 3명에게 똑같이 나누어 주셨습니다.

(1) 대회를 안내하는 친구 한 명이 받은 연필의 자루 수를 구하는 식을 만들어 봅시다.

(2) (1)에서 만든 식에 계산 순서를 쓰고 안내하는 친구 한 명이 받은 연필이 몇 자루인지 구해 봅시다.

(1)에서 만든 식의 계산 순서가 생각했던 계산 순서와 맞나요? 만약 다르다면 어떻게 해야 하는지 써 봅시다.

5. 다음 식에서 계산의 순서를 표시하고 계산해 봅시다.

(1) $10\times\{(25+30)\div11+195\}-243$

(2) $90+[25\times\{(630-330)\div6-43\}\div7]-85$

설명의 창

혼합 계산 순서 약속하기 2

1. 덧셈과 뺄셈, 곱셈과 나눗셈이 섞여 있고 괄호가 있는 식에서는 (   )를 가장 먼저 계산합니다.
2. 괄호 중 가장 먼저 하는 순서는 (소괄호) ⇨ { 중괄호 } ⇨ [대괄호] 입니다.

6. 다음 등식이 성립하도록 알맞은 곳에 (　　) 표시를 해 봅시다.

(1) $17+5\times3-12\times4=18$

(2) $240\div5\times12\times4+35=51$

(3) $120-36\times3+8\div4=21$

(4) $45-9\times3+35\div7=13$

수학비밀 06 혼합 계산의 활용

1. 네 개의 숫자 5와 +, −, ×, ÷, (　), {　}를 이용하여 여러 가지 수를 만들어 봅시다.

(1)

5　5　5　5　= 1

(2)

5　5　5　5　= 2

(3)

5　5　5　5　= 3

(4)

5　5　5　5　= 4

(5)

5　5　5　5　= 5

2. 네 개의 숫자 4와 +, −, ×, ÷, ( ), { }를 이용하여 여러 가지 수를 만들어 봅시다.

(1) 4 4 4 4 = 1

(2) 4 4 4 4 = 2

(3) 4 4 4 4 = 3

(4) 4 4 4 4 = 4

(5) 4 4 4 4 = 5

수학 비밀 07 가우스의 방법

1. 그림을 이용하여 다음의 값을 구해 봅시다.

$1+2+3+4+5+6+7+8+9$

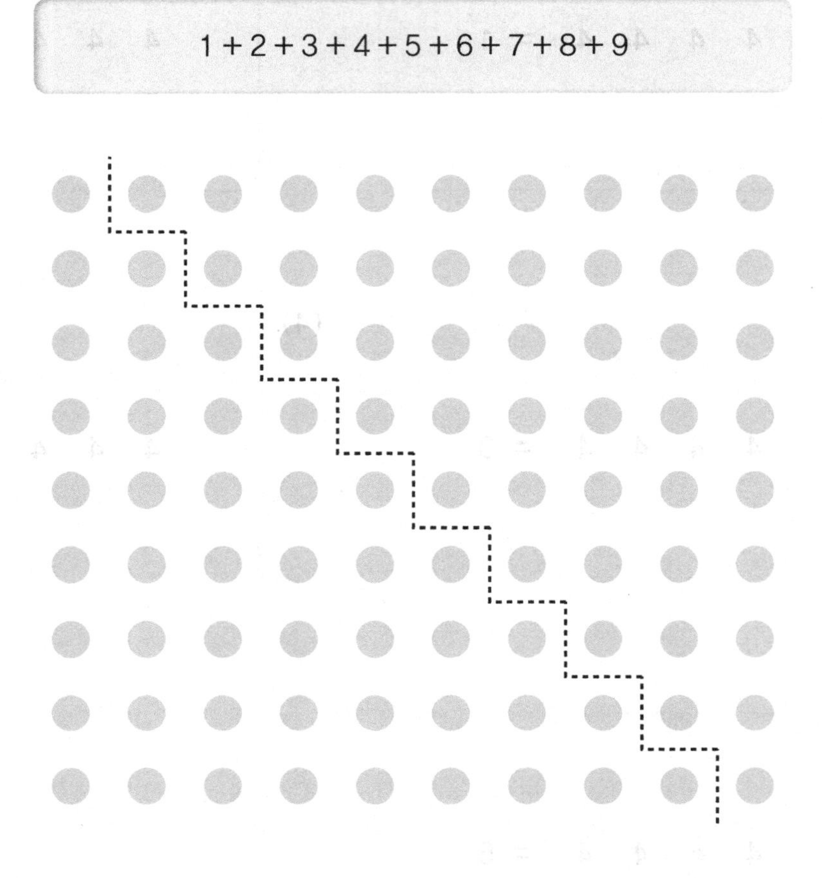

(1) 그림을 이용하여 $1+2+3+4+5+6+7+8+9$의 값을 구하는 방법을 찾아 써 봅시다.

(2) 왼쪽 그림을 다음과 같이 나타내었습니다. 다음의 방법과 $1+2+3+4+5+6+7+8+9$와의 관계를 찾아 써 봅시다.

$$\begin{array}{r} 1+\ 2+\ 3+\ 4+\ 5+\ 6+\ 7+\ 8+\ 9 \\ +\ 9+\ 8+\ 7+\ 6+\ 5+\ 4+\ 3+\ 2+\ 1 \\ \hline 10+10+10+10+10+10+10+10+10 \end{array}$$

(3) 위에서 알아낸 관계를 이용하여 다음의 값을 구해 봅시다.

$$200+190+180+170+\cdots\cdots+20+10$$

설명의 창

수학의 왕자 가우스(1777-1855)

"과학의 여왕은 수학이고, 수학의 여왕은 수론이다." 이 말을 남긴 사람은 다름 아닌 카알 프리디리히 가우스(Karl Friedrich Gauss)입니다. 그는 1777년 4월 30일 독일의 브라운슈바이크의 가난한 석공의 집안에서 태어났습니다. 그는 아르키메데스, 뉴튼과 함께 인류가 낳은 '수학의 3대 거인'의 한 사람으로 손꼽힙니다. 가우스는 어려서부터 놀라울 정도로 계산에 통달하여 학교에 들어가기 전 이미 보통의 덧셈, 뺄셈, 곱셈, 나눗셈을 거의 암산으로 척척 해내어 사람들을 놀라게 하였습니다.

가우스가 계산한 방법은 아래의 식과 같습니다.

$$
\begin{array}{rrrrrr}
 & 1\ + & 2\ + & 3\ + & 4\ + \cdots\cdots & +\ 100 \\
+ & 100\ + & 99\ + & 98\ + & 97\ + \cdots\cdots & +\ \ \ 1 \\
\hline
 & 101\ + & 101\ + & 101\ + & 101\ + \cdots\cdots & +\ 101
\end{array}
$$

$$101 \times 100 \div 2 = 5050$$

어린 가우스는 이미 수의 규칙성을 이해하고 그것을 이용하여 쉽게 문제를 해결한 것입니다.

2. 가우스의 방법을 이용하여 다음 식의 값을 구해 봅시다.

(1) $1 + 2 + 3 + \cdots\cdots + 48 + 49 + 50$

(2) $1 + 4 + 7 + 10 + 13 + 16 + 19 + 22$

(3) 가우스의 방법을 간단히 정리해 봅시다.

가우스의 방법

{(첫 번째 수) + (　　　　　　)} × (　　　　　　) ÷ (　　　　　　)

1 + 2 + 4 + 8 + 16 + 32도 가우스의 방법으로 구할 수 있을까요? 그렇게 생각한 이유를 써 봅시다.

가우스의 방법으로 수들의 합을 구하려면 나열된 수들이 어떤 특징을 가져야 하는지 적어 봅시다.

수학비밀 08 그림으로 합 구하기

1. 그림을 이용하여 다음의 값을 구해 봅시다.

$$1+3+5+7+9+11$$

(1)

(2)

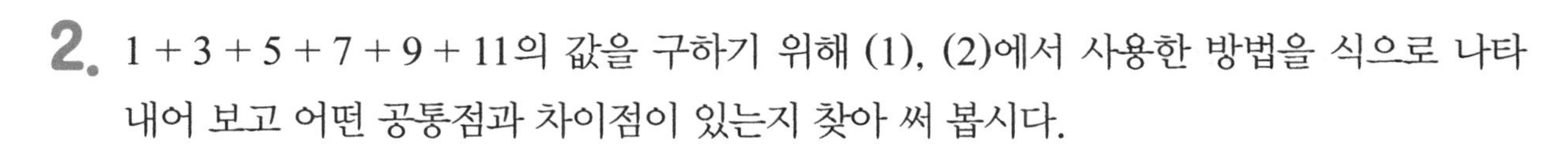

2. $1+3+5+7+9+11$의 값을 구하기 위해 (1), (2)에서 사용한 방법을 식으로 나타내어 보고 어떤 공통점과 차이점이 있는지 찾아 써 봅시다.

(1)의 방법 :

(2)의 방법 :

3. 그림을 이용하여 다음의 값을 구하고 구한 방법을 식으로 나타내어 봅시다.

$2+4+6+8+10+12+14+16$

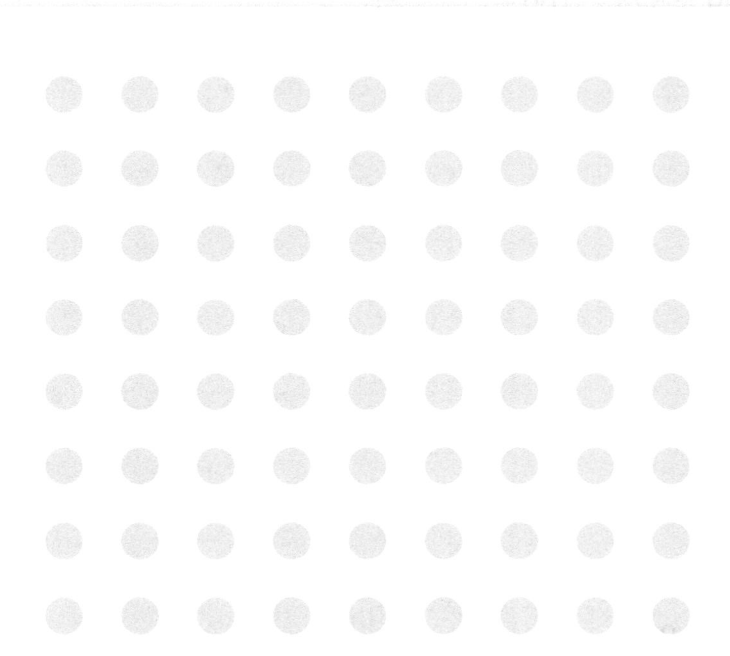

그림을 이용하지 않고 구할 수 있는 방법에 대해 적어 봅시다.

수학비밀 09 더 빠르게, 더 쉽게

다음 식을 암산해 봅시다.

$1251 + 999$	$1750 - 99$

1. 수는 여러 가지 방법으로 표현할 수 있습니다. 예를 들어, 100의 경우 덧셈이나 뺄셈을 이용해서 다음과 같이 나타낼 수 있습니다.

$1 + 99$, $2 + 98$, $103 - 3$, $150 - 50$, $200 - 100$

아래의 빈칸을 알맞게 채워 봅시다.

(1) $574 + 99 = 574 + 100 - \square = \square$

(2) $203 + 98 = 203 + \square - 2 = \square$

(3) $647 - 99 = 647 - 100 + \square = \square$

(4) $925 - 97 = 925 - \square + \square = \square$

2. 앞의 방법을 이용하여 계산해 봅시다.

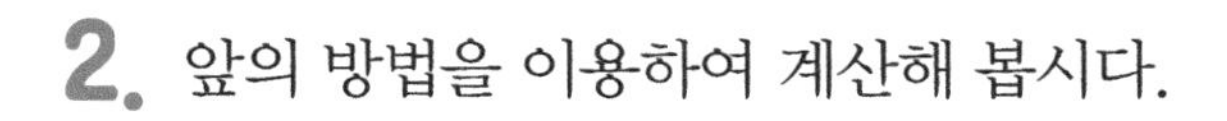

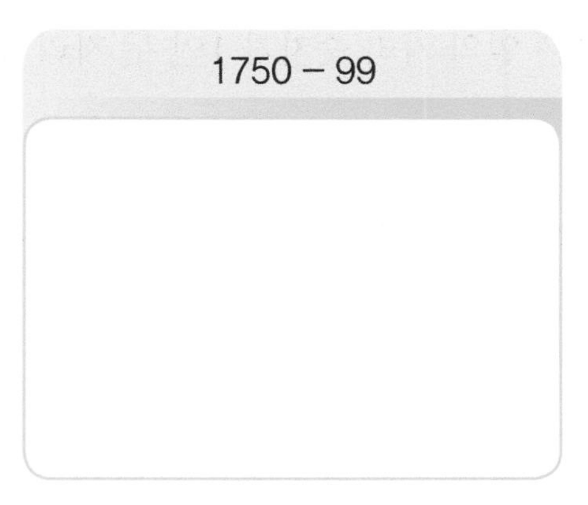

3. 다음 덧셈식의 값을 빠르게 계산할 수 있는 방법을 찾아 써 봅시다.

$97+798+492+295$

수학비밀 10 신기한 연산 방법

다음은 일의 자리 숫자가 1인 두 자리 수 곱셈식의 신기한 계산 방법입니다. 물음에 답해 봅시다.

1. 아래 곱셈식의 방법을 알아봅시다.

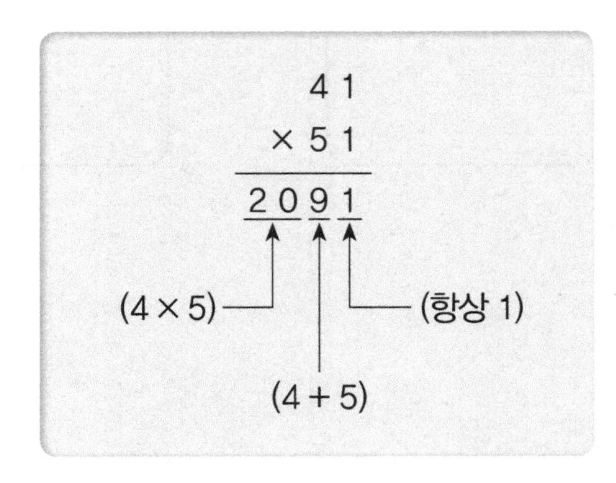

(1) 어떤 방법인지 써 봅시다.

(2) 이 방법으로 다음의 값을 구해 봅시다.

① 51×31

② 21×61

③ 41×71

일의 자리 숫자가 1인 두 자리 수 곱셈식을 계산할 때 십의 자리 숫자의 합이 10 이상일 경우는 어떻게 계산하면 좋을지 적어 봅시다.

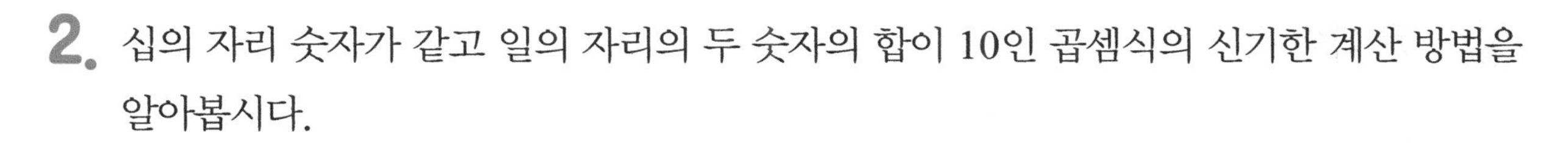

2. 십의 자리 숫자가 같고 일의 자리의 두 숫자의 합이 10인 곱셈식의 신기한 계산 방법을 알아봅시다.

(1) 아래 곱셈식을 직접 계산해 봅시다.

①

$$\begin{array}{r} 93 \\ \times\ 97 \\ \hline \end{array}$$

②

$$\begin{array}{r} 44 \\ \times\ 46 \\ \hline \end{array}$$

(2) 신기한 계산 방법을 찾아보고 아래의 식을 완성해 봅시다.

$$\begin{array}{r} 57 \\ \times\ 53 \\ \hline 3021 \end{array}$$

(　　　　) → 30　　21 ← (　　　　)

(3) 이 방법으로 다음의 값을 구해 봅시다.

①

$$\begin{array}{r} 35 \\ \times\ 35 \\ \hline \end{array}$$

②

$$\begin{array}{r} 72 \\ \times\ 78 \\ \hline \end{array}$$

수학비밀 11 정보 분석하기

다음 문제를 해결하기 위해 정보를 분석해 봅시다.

1. 보람이는 문이 있는 벽을 제외한 방의 벽을 띠벽지로 장식하려고 합니다. 띠벽지는 1 m 씩으로만 판매합니다. 보람이의 방이 아래 그림과 같을 때, 몇 개의 띠벽지를 사야하는지 구해 봅시다.

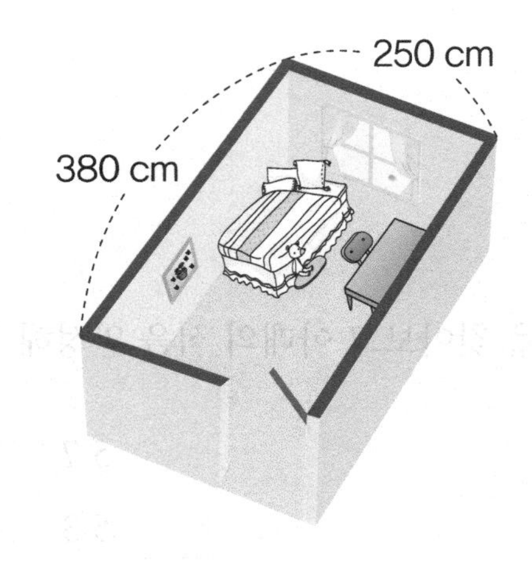

(1) 구하려고 하는 것은 무엇인지 써 봅시다.

(2) 그림이나 적절한 기호로 주어진 정보를 정리해 봅시다.

(3) 분석한 정보를 이용하여 문제를 해결해 봅시다.

2. 정우네 학교는 아침 등교 시각이 8시 30분입니다. 정우는 일어나서 아침밥을 먹는 데 25분이 걸리고, 씻고 옷을 입는 데 35분, 학교까지 걸어서 가는 데 15분이 걸립니다. 정우가 학교에 5분 일찍 도착하려면 언제 일어나야 할지 구해 봅시다.

(1) 구하려고 하는 것은 무엇인지 써 봅시다.

(2) 그림이나 적절한 기호로 주어진 정보를 정리해 봅시다.

(3) 분석한 정보를 이용하여 문제를 해결해 봅시다.

수학비밀 12 정보는 충분한가 부족한가

문제 해결에 필요한 정보가 충분한지 부족한지 알아봅시다.

불우 이웃돕기 자선바자회가 월요일에서 일요일까지 1주일 동안 열렸습니다. 토요일에는 9500장의 표가 팔렸고, 일요일에는 10500장의 표가 팔렸습니다. 토요일에 팔린 표는 3200장의 유아 표와 4100장의 성인 표, 몇 장의 청소년 표로 이루어졌습니다. 이 바자회는 토요일에 2870만원을 벌었고, 일요일에 3170만원을 벌었습니다.

1. 한 주 동안 바자회에서 벌어들인 돈은 얼마인지 구해 봅시다.

(1) 문제 해결을 위한 정보는 충분한지 부족한지 써 봅시다.

(2) 정보가 충분하다면 문제를 해결하고, 부족하다면 필요한 정보가 무엇인지 써 봅시다.

2. 토요일에 팔린 청소년 표는 몇 장인지 구해 봅시다.

(1) 문제 해결에 필요한 정보는 무엇인지 써 봅시다.

(2) 정보는 충분한지 부족한지 써 봅시다.

(3) 분석한 정보를 이용하여 문제를 해결해 봅시다.

수학비밀 13 문제 해결의 과정

문제 해결의 4단계 과정을 활용하면 어려운 문제라도 쉽게 해결할 수 있습니다. 문제 해결의 4단계 과정을 살펴보고, 이를 이용하여 문제를 해결해 봅시다.

1. 현아는 매일 자전거로 공원을 달립니다. 토요일에는 금요일에 달린 거리의 2배만큼을 달렸습니다. 일요일에는 토요일에 달린 거리보다 700 m를 덜 달렸습니다. 월요일에는 일요일에 달린 거리보다 600 m를 더 달렸습니다. 현아가 월요일에 2 km 400 m를 달렸을 때, 금요일에 달린 거리는 몇 m인지 구해 봅시다.

구하려고 하는 것은 무엇인지 써 봅시다.

:

주어진 정보를 정리해 봅니다.

:

문제 해결에 사용할 전략을 선택합니다.

: 거꾸로 풀기 전략

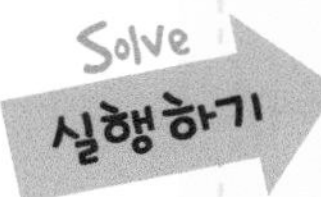

계획을 실행하여 답을 구합니다.

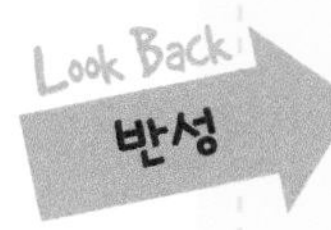

구한 답이 맞는지 검산해 봅니다.

거꾸로 풀기 전략은 어떤 경우에 사용하는 것이 좋을지 적어 봅시다.

2. 여섯 명의 친구들이 놀이동산에 다녀왔습니다. 만약 모든 친구들이 셔틀 버스를 타고 도착하여 주간권으로 하루 종일 놀이기구를 타고 왔다면, 총 얼마의 비용이 들었을지 구해 봅시다.

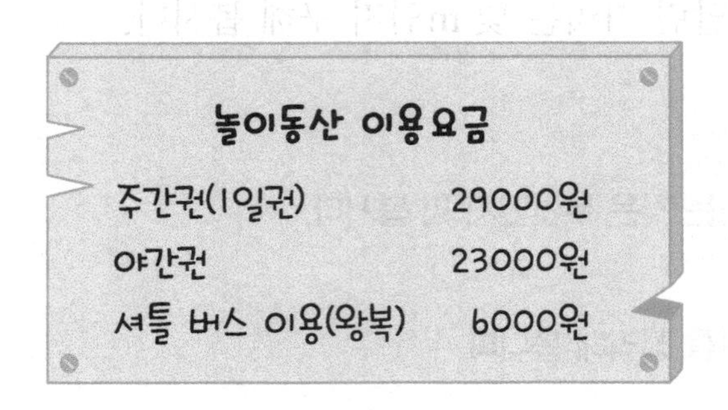

놀이동산 이용요금

주간권(1일권)	29000원
야간권	23000원
셔틀 버스 이용(왕복)	6000원

Understand 문제 이해

구하려고 하는 것은 무엇인지 써 봅시다.

:

주어진 정보를 정리해 봅니다.

:

Plan 계획하기

문제 해결에 사용할 전략을 선택합니다.

: 식 세우기 전략

Solve 실행하기

계획을 실행하여 답을 구합니다.

Look Back 반성

다른 방법으로 해결할 수 있는지 생각해 봅니다.

3. 과일바구니 속에 들어 있는 방울토마토의 개수는 딸기 개수의 2배입니다. 현지는 하루에 방울토마토를 15개씩, 딸기는 5개씩 꺼내어 토마토 딸기 주스를 만들어 먹었습니다. 오늘 두 종류의 과일을 꺼냈더니 딸기만 10개가 남았다면, 처음 과일바구니 안에 있던 방울토마토는 몇 개인지 구해 봅시다.

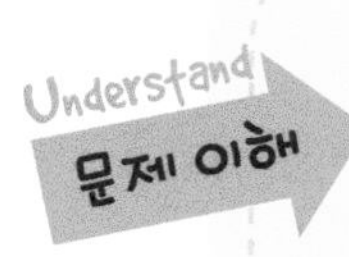

수학 비밀 14 표 만들어 해결하기

다음 문제를 표를 만들어 해결해 봅시다.

1. 수지는 섬 여행을 마치고 육지로 돌아오기 위해 배를 타려고 합니다. 첫 배는 아침 7시 5분에 출발하고, 그 후에 20분 간격마다 출발합니다. 배로 육지까지 오는 데 45분이 걸립니다. 수지가 네 번째 배를 탄다면 육지에 몇 시에 도착할지 구해 봅시다.

(1) 다음 표를 완성해 봅시다.

배	출발 시각	도착 시각
첫 번째	아침 7:05	
두 번째		
세 번째		
네 번째		

(2) 수지가 육지에 도착하는 시각은 몇 시인지 구해 봅시다.

표 만들기 전략은 어떤 경우에 사용하는 것이 좋을지 적어 봅시다.

2. 문제 해결의 4단계 과정을 이용하여 문제를 해결해 봅시다.

서연이는 집에서 출발하여 1분에 60 m의 빠르기로 학교를 향해 걸어갔습니다. 6분 후 서연이가 준비물을 놓고 간 것을 안 아버지가 자전거를 타고 1분에 150 m의 빠르기로 서연이가 간 길을 따라갔습니다. 아버지는 출발한 지 몇 분 후에 서연이와 만날지 구해 봅시다.

수학비밀 15 그림 그려 해결하기

다음 문제를 그림을 이용하여 해결해 봅시다.

1. 우리 반은 총 세 가지 종류의 미술 작품으로 전시회를 열려고 합니다. 미술 작품의 $\frac{1}{2}$은 그림이고, $\frac{1}{6}$은 조각이며, 8개의 만화 작품으로 전시됩니다. 이 전시회에서 총 몇 작품 전시될지 구해 봅시다.

(1) 다음 직사각형을 전시될 전체 미술 작품이라고 생각하고, 그림과 조각, 만화 작품의 부분을 각각 색칠해 봅시다.

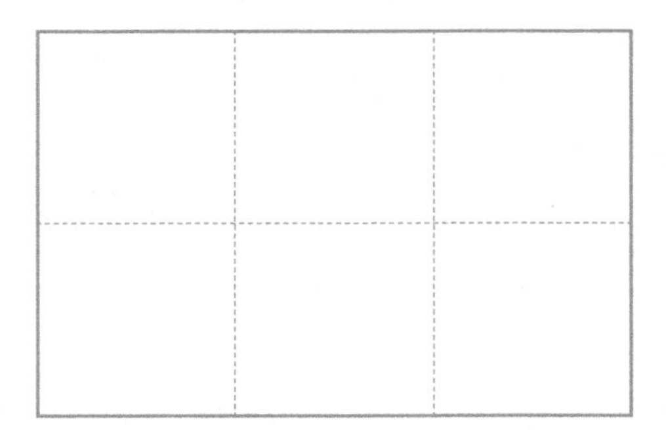

(2) 전시회에서 총 몇 작품이 전시되는지 구해 봅시다.

그림 그리기 전략은 어떤 경우에 사용하는 것이 좋을지 적어 봅시다.

2. 문제 해결의 4단계 과정을 이용하여 문제를 해결해 봅시다.

집에서 학교까지의 거리는 960 m인데 학교 가는 길에는 은행과 우체국이 있습니다. 집에서 은행까지의 거리는 집에서 학교까지 거리의 $\frac{1}{2}$이고, 집에서 우체국까지의 거리는 집에서 학교까지 거리의 $\frac{5}{6}$입니다. 은행에서 우체국까지의 거리는 얼마인지 구해 봅시다.

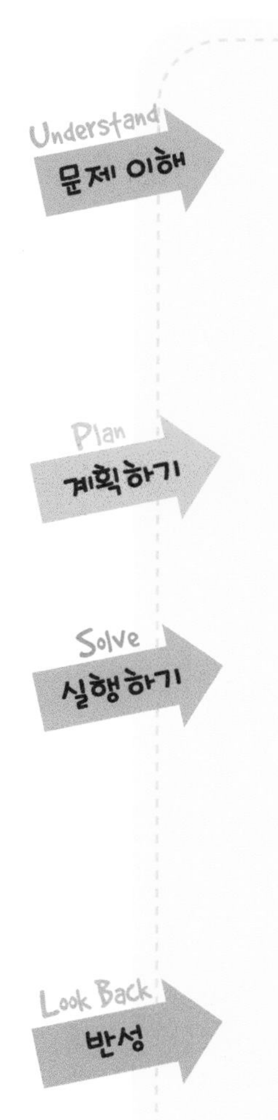

수학 비밀 16 예상하고 확인하여 해결하기

다음 문제를 예상하고 확인하여 해결해 봅시다.

1. 야생동물을 주로 촬영하는 사진작가가 바다오리와 수달을 사진에 담았습니다. 사진에는 43마리의 동물이 찍혔는데 동물들의 다리 개수를 세어보니 총 102개였습니다. 그 사진작가는 바다오리와 수달을 각각 몇 마리씩 찍었을지 구해 봅시다.

(1) 바다오리가 40마리이고, 수달이 3마리라면 다리는 모두 몇 개인지 구해 봅시다.

(2) 바다오리는 40마리보다 많아야 할지 적어야 할지 써 봅시다.

(3) 바다오리와 수달은 각각 몇 마리씩 있는지 구해 봅시다.

예상하고 확인하기 전략은 어떤 경우에 사용하는 것이 좋을지 적어 봅시다.

2. 문제 해결의 4단계 과정을 이용하여 문제를 해결해 봅시다.

아버지와 아영이의 나이의 합은 53이고 곱은 460보다 크고 490보다 작습니다.
아버지와 아영이의 나이를 구하시오.

수학 비밀 17 규칙 찾아 해결하기 – 달력의 규칙

1. 다음은 2011년 6월의 달력입니다. 달력 속의 규칙을 알아봅시다.

2011

6월

일	월	화	수	목	금	토
			1	2	3	4
5	6	7	8	9	10	11
12	13	14	15	16	17	18
19	20	21	22	23	24	25
26	27	28	29	30		

(1) 6월 2일부터 10일 후는 무슨 요일인지 구해 봅시다.

(2) 6월 2일부터 50일 후는 무슨 요일인지 구해 봅시다.

2. 오늘은 2011년 10월 7일 금요일입니다. 물음에 답해 봅시다.

(1) 2011년 10월 7일 이후 며칠이 지나면 2012년 2월 1일이 되는지 구해 봅시다.

(2) 2012년 2월 1일은 무슨 요일인지 구해 봅시다.

3. 달력에서 찾을 수 있는 여러 가지 규칙을 써 봅시다.

수학 비밀 18 문제 해결 전략 적용하기

다음을 해결하고, 해결 방법을 설명해 봅시다.

1. 한 변의 길이가 84 cm인 정사각형 모양의 땅 둘레에 4 cm 간격으로 꽃을 심으려고 합니다. 모두 몇 송이의 꽃이 필요한지 구해 봅시다.

2. 축구공, 농구공, 배구공, 야구공, 탁구공이 5개의 상자에 각각 한 개씩 들어 있습니다. 다음의 말한 것이 모두 참이라면 A, B, C, D, E 상자 안에는 각각 어떤 공이 들어 있는지 구해 봅시다.

① A 상자 안에는 축구공이나 야구공이 들어 있습니다.
② B 상자 안에는 배구공과 탁구공은 들어 있지 않습니다.
③ C 상자 안에는 배구공 아니면 탁구공이 들어 있습니다.
④ D 상자 안에는 탁구공은 들어 있지 않습니다.
⑤ E 상자 안에는 야구공이 들어 있습니다.

수학 비밀 19 여러 가지 방법으로 해결하기

다음 문제를 여러 가지 문제 해결 전략을 이용하여 해결해 봅시다.

1. 동현, 현아, 은정, 세은, 석훈 다섯 명의 친구가 서로 악수를 하려고 합니다. 현아는 동현이를 뺀 나머지 친구들과 모두 악수를 했고, 세은이는 1번, 석훈이는 2번, 은정이는 3번 악수를 했습니다. 동현이는 앞으로 몇 명과 악수를 해야 모든 친구와 악수를 할 수 있는지 구해 봅시다.

(1) 방법 1

(2) 방법 2

이 문제를 해결하기 위해 사용한 문제 해결 전략을 써 봅시다.

2. 도영이는 게임 카드를 여러 장 가지고 있습니다. 도영이는 친구들에게 게임 카드를 차례로 빌려 주었습니다. 먼저 현지에게 게임 카드의 $\frac{1}{2}$을 빌려 주었고, 다음으로 지석이에게 남은 카드의 $\frac{2}{3}$를 빌려 주었고, 마지막으로 수현이에게 3장을 빌려 주었습니다. 이렇게 모두 빌려 주고 나니 도영이에게는 게임 카드가 5장 밖에 남지 않았습니다. 도영이는 처음에 몇 장의 게임 카드를 가지고 있었는지 구해 봅시다.

(1) 방법 1

(2) 방법 2

이 문제를 해결하기 위해 사용한 문제 해결 전략을 써 봅시다.

수학 비밀 20 새로운 문제를 만들어 해결하기

문제의 정보를 바꾸어 새로운 문제를 만들고 해결해 봅시다.

> 종점에서 17명의 손님을 태우고 버스가 출발하였습니다. 학교 앞에서 10명의 손님이 내리고 5명의 손님이 탔습니다. 또 다음 정거장인 백화점 앞에서 8명의 손님이 내렸습니다. 지금 이 버스에 타고 있는 손님은 모두 몇 명일까요?

1. 위 문제를 해결해 봅시다.

2. **1**에서 어떤 정보를 바꾸면 새로운 문제를 만들 수 있다고 생각합니까? 바꿀 수 있는 정보에 (　　)로 표시해 봅시다.

> 종점에서 (17명)의 손님을 싣고 버스가 출발하였습니다. 학교 앞에서 10명의 손님이 내리고 5명의 손님이 탔습니다. 또 다음 정거장인 백화점 앞에서 8명의 손님이 내렸습니다. 지금 이 버스에 타고 있는 손님은 모두 몇 명일까요?

3. **2**에서 (   )로 표시한 부분의 정보를 바꾸어 새로운 문제를 만들고 해결해 봅시다.

4. 종점에서 버스가 출발할 때 처음 버스에 타고 있던 사람이 몇 명인지 물어보려고 합니다. 문제를 바꾸어 봅시다.

새로운 문제 :

수학비밀 21 틀을 깨는 문제

다음 문제를 해결해 봅시다.

1. 종이에서 연필을 떼지 않고 다음 9개의 점을 통과하는 4개의 선분을 그려 봅시다.

2. 그림과 같이 성냥개비 열 두 개로 똑같은 정사각형 세 개를 만들었습니다. 성냥개비를 세 개만 옮겨서 정사각형이 다섯 개를 만들어 봅시다. (이때, 정사각형이 모두 같은 크기일 필요는 없습니다.)

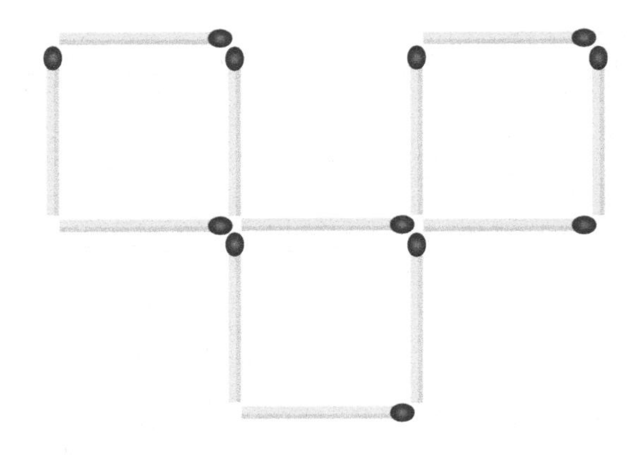

3. 임금님이 대장장이에게 5개의 쇠사슬(한 쇠사슬에는 3개의 고리가 연결되어 있습니다)을 가져와서 한 줄로 연결해 달라고 했습니다. 고리를 한 번 끊어서 다시 붙이는 데 1000원씩 듭니다. 가장 적은 비용으로 쇠사슬을 연결하는 방법을 찾아 써 봅시다.

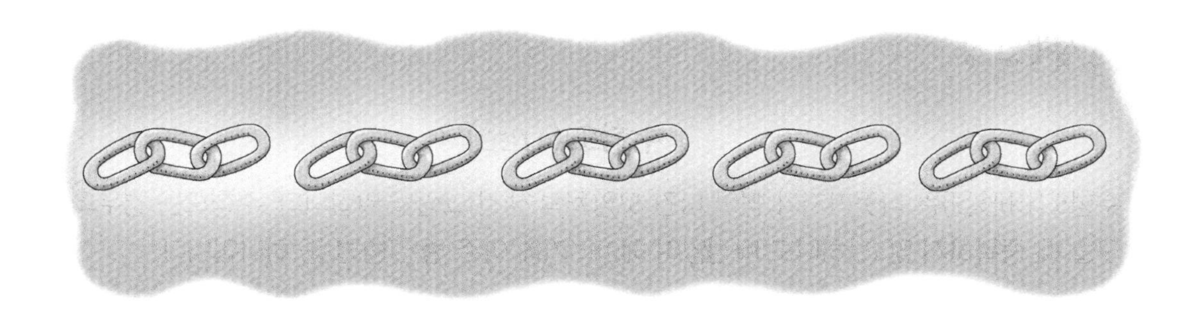

경우의 수 세기

다음은 경우의 수를 세는 방법 중의 하나인 수형도에 대한 설명입니다.

설명의 창

수형도 (Tree)

수형도(樹形圖)란 나뭇가지가 뻗어 나간 모양처럼 생긴 그림을 말합니다. 수형도는 경우의 수를 구할 때 중복하지 않고, 하나도 빠짐없이 헤아리기에 아주 좋은 방법 중 하나입니다.

예를 들어 동전 1개와 주사위 1개를 동시에 던질 때, 나올 수 있는 모든 경우의 수를 수형도를 이용하여 구하면 다음과 같습니다.

① 동전을 한 개 던질 때 나올 수 있는 경우는 앞면, 뒷면 중의 어느 하나이므로 경우의 수는 2가지입니다.

② 주사위를 한 개 던질 때 나올 수 있는 눈은 1, 2, 3, 4, 5, 6 중의 하나이므로 경우의 수는 6가지입니다.

③ 수형도를 이용하여 다음과 같은 그림으로 12가지임을 알 수 있습니다.

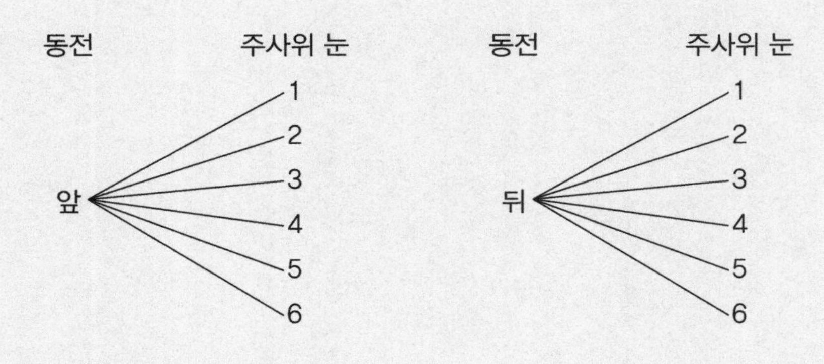

1. 창의는 1, 4, 7의 3개의 숫자를 한 번씩만 사용하여 세 자리 수를 만들려고 합니다. 창의는 모두 몇 개의 세 자리 수를 만들 수 있는지 수형도를 이용하여 구해 봅시다.

2. 지혜는 1, 4, 7, 9의 4개의 숫자를 이용하여 각 자리의 숫자가 서로 다른 네 자리 수를 만들고 있습니다.

(1) 지혜는 모두 몇 개의 네 자리 수를 만들 수 있는지 구해 봅시다.

(2) 지혜가 만든 수들 중에서 백의 자리 숫자가 십의 자리 숫자보다 작은 것은 몇 개인지 구해 봅시다.

수학비밀 23 토너먼트

월드컵 축구 대회가 열렸습니다. 16강에 오른 국가들은 다음과 같습니다. 월드컵 축구 대회는 16강전부터 결승까지 토너먼트 방식으로 진행됩니다. 물음에 답해 봅시다.

대한민국, 우루과이, 미국, 가나, 독일, 영국, 아르헨티나, 멕시코,
네덜란드, 슬로바키아, 브라질, 칠레, 파라과이, 일본, 스페인, 포르투갈

1. 16강에 오른 나라들끼리 서로 경기하게 될 상대팀을 예상하여 대진표를 만들어 봅시다.

대진표를 만든 방법을 정리해 봅시다.

2. 우승 국가가 결정될 때까지 진행되는 경기는 총 몇 경기인지 구해 봅시다.

3. 우승 국가는 스페인입니다. 스페인은 우승할 때까지 몇 번 이겼는지 구해 봅시다.

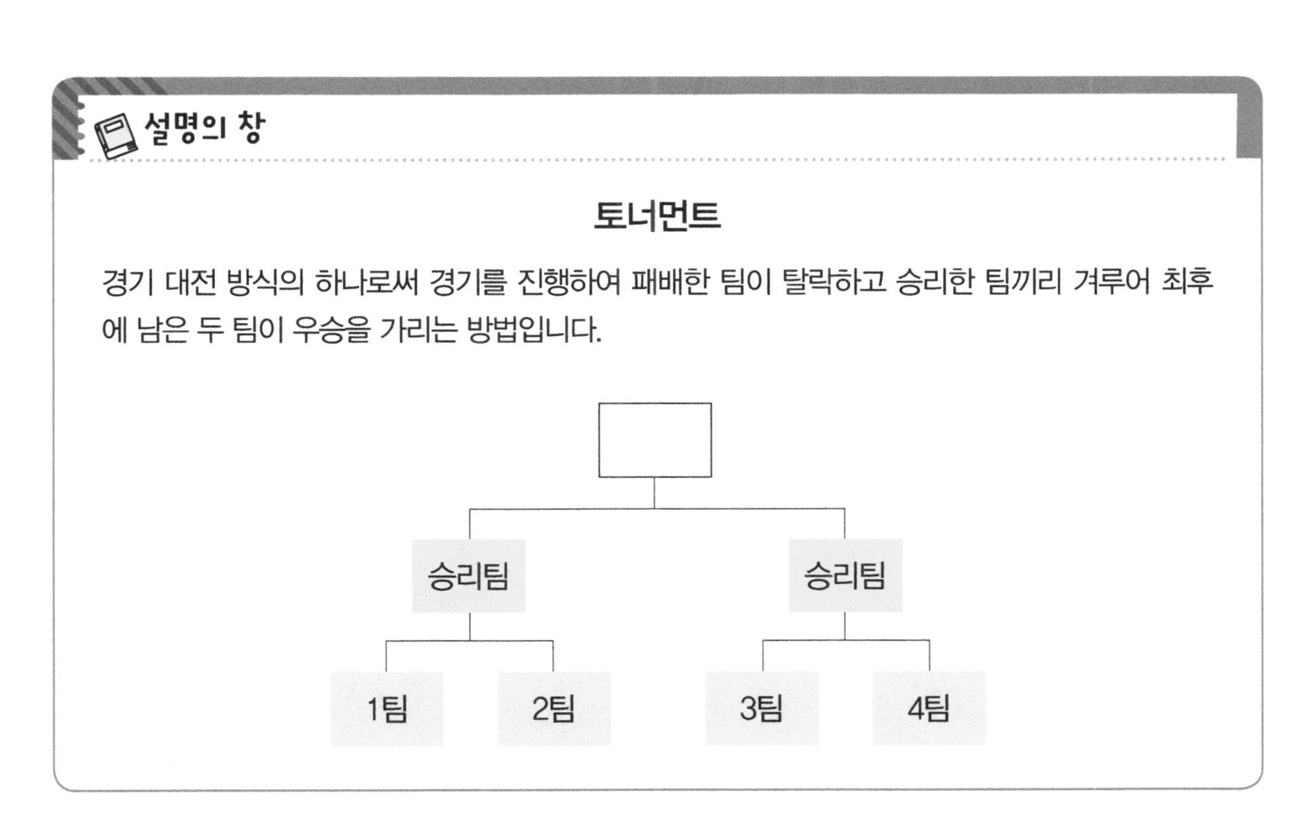

설명의 창

토너먼트

경기 대전 방식의 하나로써 경기를 진행하여 패배한 팀이 탈락하고 승리한 팀끼리 겨루어 최후에 남은 두 팀이 우승을 가리는 방법입니다.

4. 어떤 축구 대회에 다음과 같이 7개 나라가 참가하였습니다. 이 축구 대회는 토너먼트 방식으로 대회를 진행합니다. 물음에 답해 봅시다.

대한민국, 일본, 호주, 이란, 카타르, 우즈베키스탄, 이라크

(1) 대회 대진표를 수형도로 만들어 봅시다.

(2) (1)에서 만든 수형도에서 우승팀이 결정될 때까지 진행되는 경기는 모두 몇 번인지 구해 봅시다.

5. 축구 대회에 참가하는 팀의 수가 다음 표와 같을 때, 우승팀이 결정될 때까지 각 대회에서 진행되는 경기 수를 구해 봅시다. (단, 모든 경기는 토너먼트 방식으로 진행됩니다.)

참가팀 수	게임 수	참가팀 수	게임 수
2		8	
3		9	
4		10	
5		11	
6		20	
7		32	

참가팀 수와 게임 수 사이의 관계를 찾아 써 봅시다.

수학비밀 24 기준 정하여 세기

다음과 같은 규칙으로 도형을 색칠하려고 합니다. 도형을 색칠하는 방법의 가짓수를 알아봅시다.

1. 같은 경계선을 갖는 이웃한 두 영역은 서로 다른 색이어야 합니다.
2. 오직 한 점에서 만나는 영역은 같은 색으로 칠할 수 있습니다.

1. 다음 도형을 노란색, 파란색, 초록색의 세 가지 색으로 색칠하는 방법을 알아봅시다.

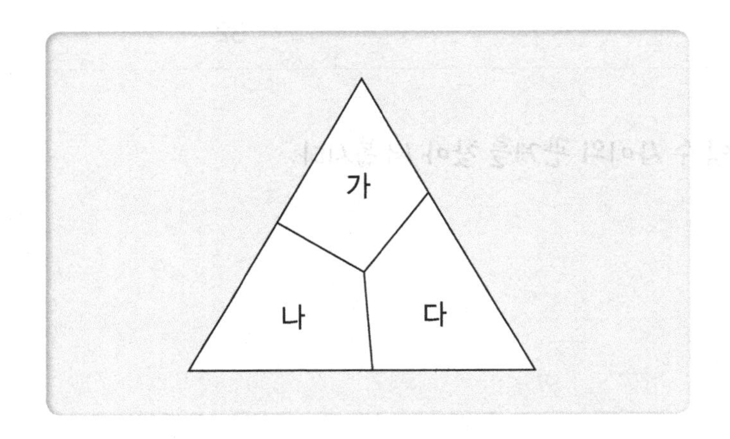

(1) 가에 노란색을 색칠했습니다. 이때, 나와 다를 색칠하는 방법은 모두 몇 가지인지 구해 봅시다.

(2) 가에 파란색을 색칠했습니다. 이때, 나와 다를 색칠하는 방법은 모두 몇 가지인지 구해 봅시다.

(3) 도형을 색칠하는 방법은 모두 몇 가지인지 구해 봅시다.

2. 다음 도형을 노란색, 파란색, 초록색의 세 가지 색으로 색칠하는 방법을 알아봅시다.

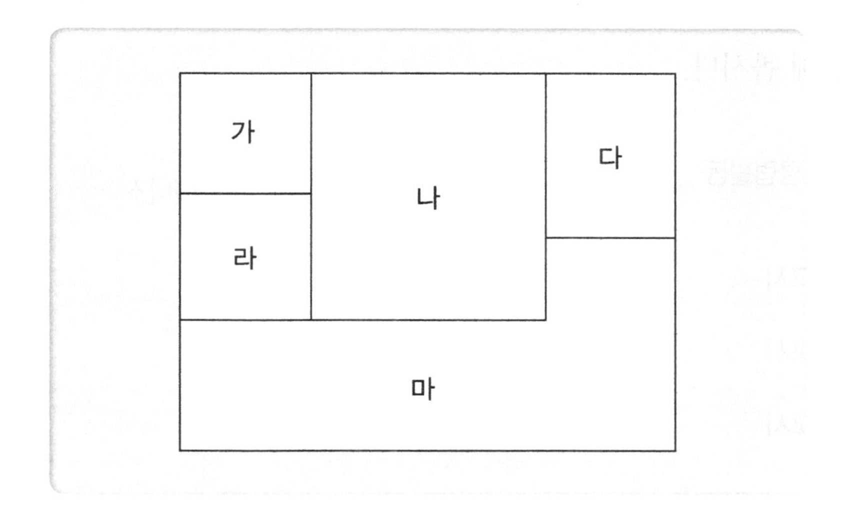

(1) 어느 부분부터 색칠하는 것이 좋을까요? 그렇게 생각한 이유도 적어 봅시다.

(2) 나에 노란색을 색칠했습니다. 이때, 도형을 색칠하는 방법은 모두 몇 가지인지 구해 봅시다.

같은 색을 칠해도 되는 부분은 어느 곳이 있는지 찾아 써 봅시다.

(3) 세 가지 색을 이용하여 위의 도형을 색칠할 수 있는 방법은 모두 몇 가지인지 구해 봅시다.

3. 창의와 지혜가 다니는 학교의 클럽활동 시간표는 다음과 같습니다. 색이 칠해진 곳이 수업이 있는 시간입니다. 창의는 하루에 서로 다른 두 가지의 활동을 하려고 합니다. 물음에 답해 봅시다.

클럽활동 / 시간	축구	농구	테니스	볼링
1교시				
2교시				
3교시				

(1) 축구와 농구를 선택했을 때, 가능한 시간표는 모두 몇 가지인지 구해 봅시다.

(2) 축구와 테니스를 선택했을 때, 가능한 시간표는 모두 몇 가지인지 구해 봅시다.

(3) 하루에 서로 다른 두 가지 활동을 할 때, 가능한 시간표는 모두 몇 가지인지 구해 봅시다.

시간표를 만들 때, 시간과 활동 중 어느 것을 기준으로 하여 시간표를 만들면 가능한 시간표의 가짓수를 보다 쉽게 알 수 있을까요? 자신의 생각을 써 봅시다.

4. 지혜는 하루에 서로 다른 세 가지 활동을 수강하려고 합니다. 지혜가 만들 수 있는 시간표는 모두 몇 가지인지 구해 봅시다.

수학비밀 25 선분 만들기

1. 다음 규칙에 맞도록 원 위의 두 점을 연결하려고 합니다. 물음에 답해 봅시다.

규칙

1. 원 위의 점을 두 점씩 연결하여 선분을 만듭니다.
2. 만들어진 선분은 서로 만나지 않아야 합니다.
3. 한 점에는 하나의 선분만 연결 되어야 합니다.

(1) 규칙에 맞는 2개의 선분을 그리는 방법의 가짓수를 구해 봅시다.

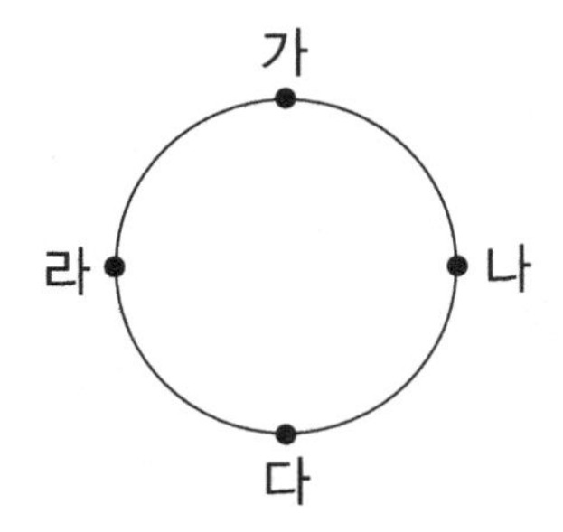

(2) 점 가와 점 나를 이어 선분을 그렸습니다. 이때 규칙에 맞도록 나머지 점을 이을 수 있는 방법은 몇 가지인지 구해 봅시다.

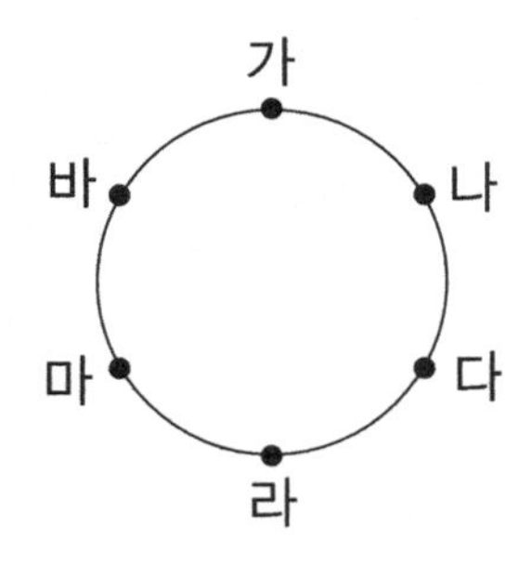

(3) 규칙에 맞는 3개의 선분을 그리는 방법의 가짓 수를 구해 봅시다.

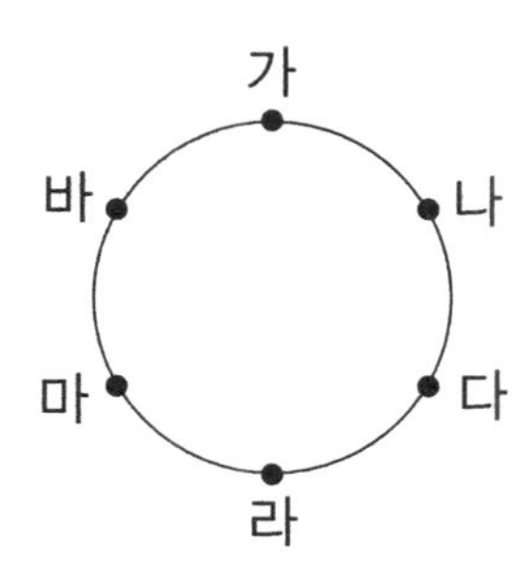

2. 원 위에 8개의 점이 있습니다. 8개의 점 중 두 점씩 연결하여 서로 만나지 않는 4개의 선분을 만들려고 합니다. 선분을 만드는 방법은 모두 몇 가지인지 구해 봅시다.

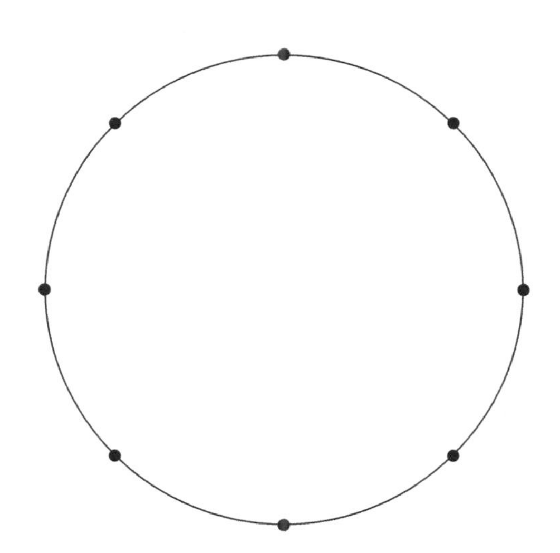

수학 비밀 26 도형의 개수 구하기

1. 크기가 같은 정사각형 6개로 다음과 같은 도형을 만들었습니다. 도형에서 찾을 수 있는 직사각형은 모두 몇 개인지 알아봅시다.

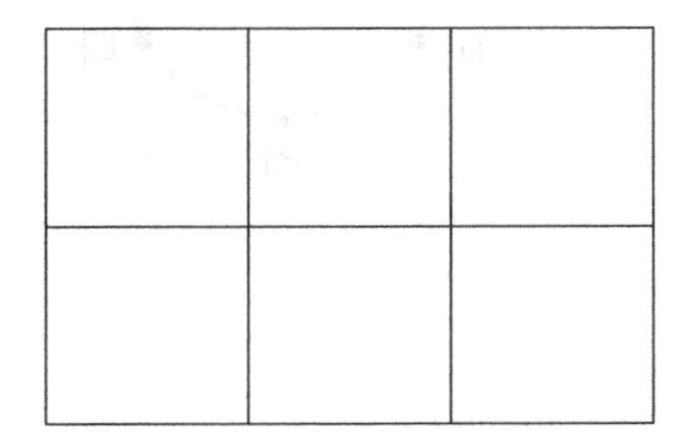

(1) 정사각형 1개로 이루어진 직사각형은 모두 몇 개인지 구해 봅시다.

(2) 정사각형 2개로 이루어진 직사각형은 모두 몇 개인지 구해 봅시다.

(3) 위 도형에서 직사각형은 모두 몇 개 찾을 수 있는지 다음 표를 이용하여 구해 봅시다.

사각형을 만든 정사각형의 개수	1	2	3	4	5	6	합계
찾을 수 있는 직사각형의 개수							

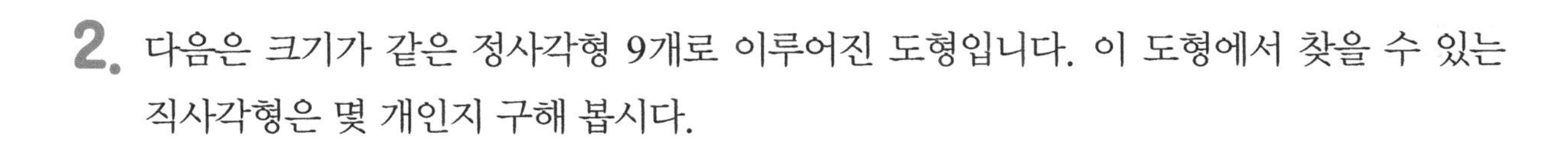

2. 다음은 크기가 같은 정사각형 9개로 이루어진 도형입니다. 이 도형에서 찾을 수 있는 직사각형은 몇 개인지 구해 봅시다.

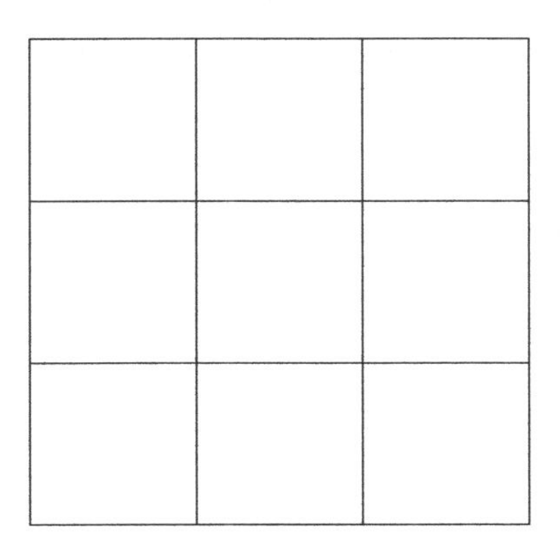

3. 다음은 크기가 같은 정사각형 20개로 이루어진 도형입니다. 이 도형에서 찾을 수 있는 직사각형은 몇 개인지 구해 봅시다.

수학비밀 27 경로의 수

1. 다음 그림과 같은 모양의 도로망이 있습니다. A에서 출발하여 도로를 따라 P로 가려고 합니다. 최단거리로 갈 때, A에서 출발하여 P로 가는 방법의 가짓수를 알아봅시다.

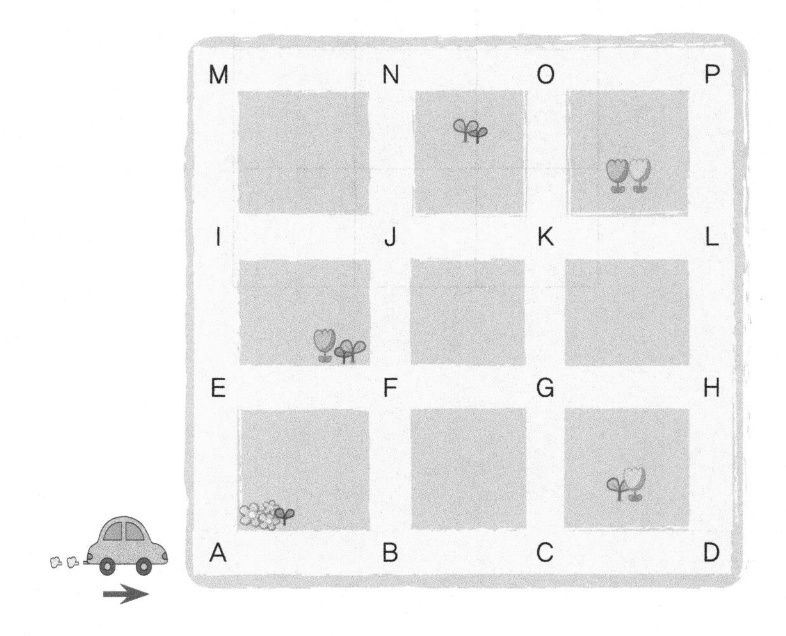

(1) 도로망을 따라 최단거리로 가는 방법은 어떤 것이 있을까요? 방법을 하나 써 봅시다.

(2) A에서 출발하여 최단거리로 B까지 가려고 합니다. 갈 수 있는 방법은 모두 몇 가지인지 구해 봅시다.

(3) A에서 출발하여 최단거리로 F까지 가려고 합니다. 갈 수 있는 방법은 모두 몇 가지일까요? 그 때의 방법도 써 봅시다.

(4) A에서 출발하여 최단거리로 J까지 가려고 합니다. 갈 수 있는 방법은 모두 몇 가지인지 써 봅시다.

(5) 지혜는 아래 왼쪽 도로망의 A에서 출발하여 최단거리로 각 지점까지 가는 방법의 가짓수를 오른쪽과 같이 나타내었습니다. 지혜는 어떤 방법으로 가짓수를 나타낸 것일까요? 자신의 생각을 써 봅시다.

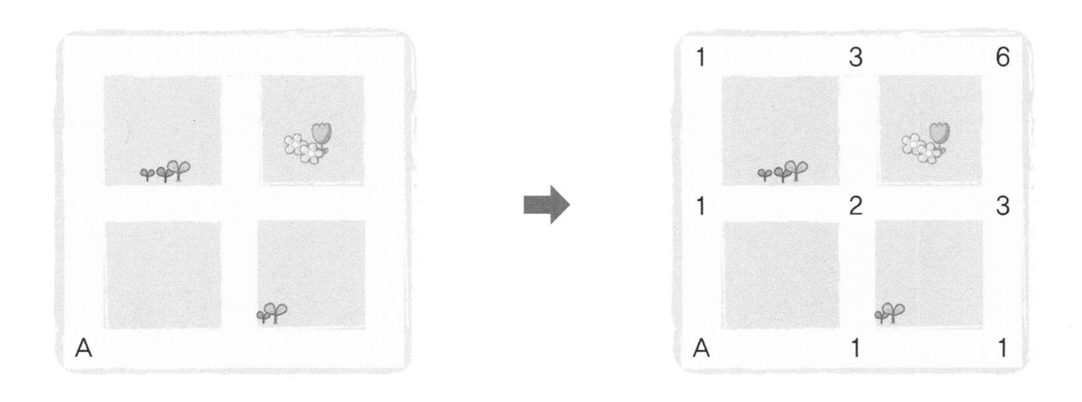

(6) 지혜의 방법을 사용하여 A에서 출발하여 최단거리로 P까지 가는 방법의 가짓수를 구해 봅시다.

2. 여러 가지 모양의 도로망이 있습니다. 각 도로망의 **가**에서 출발하여 최단거리로 **나**까지 가는 방법의 가짓수를 알아봅시다.

(1)

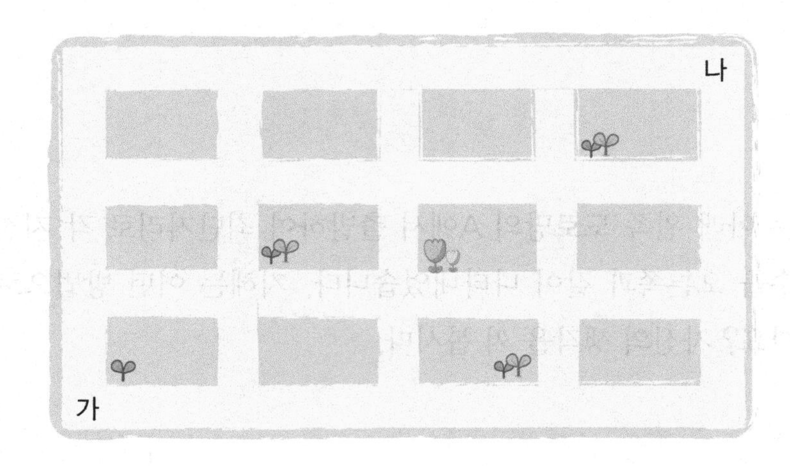

(　　　　　)가지

(2)

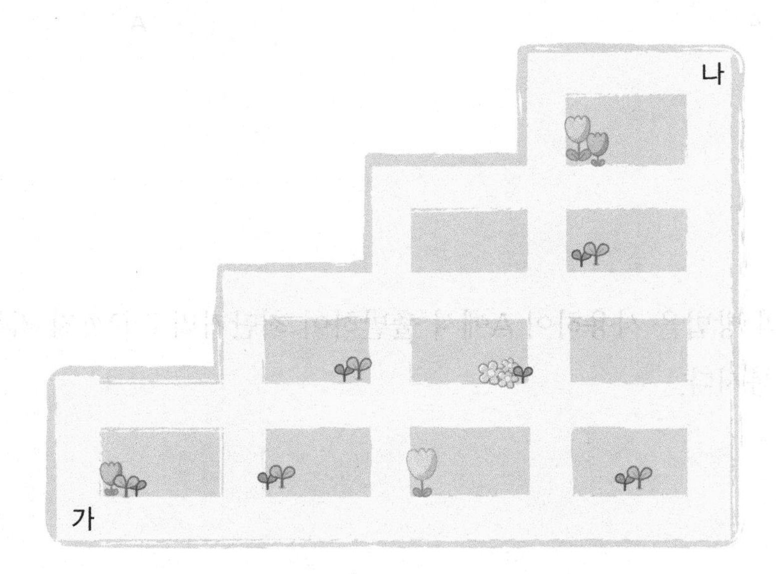

(　　　　　)가지

(3)

( )가지

(4)

( )가지

3. 아래 그림에서와 같이 벌집에서 벌이 이동하는 경우를 생각해 봅시다. 벌은 1번 벌집에서 출발하여 오른쪽으로만 이동할 수 있다고 합니다. 아래 괄호 속의 수는 벌집의 개수에 따른 이동 경로를 가짓수로 나타내고 있습니다. 물음에 답해 봅시다.

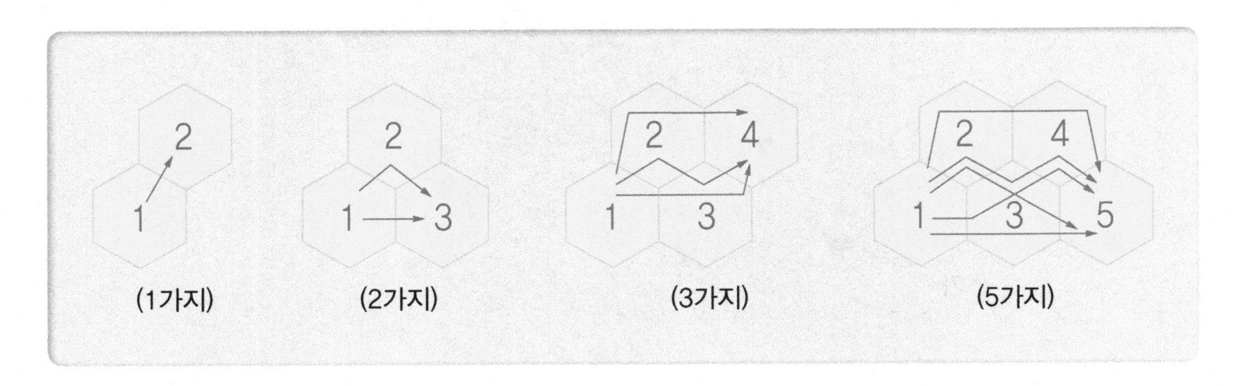

(1) 벌이 1번 벌집에서 출발하여 7번 벌집까지 가야 합니다. 아래 벌집 모양에서 이동할 수 있는 방법은 몇 가지인지 구해 봅시다.

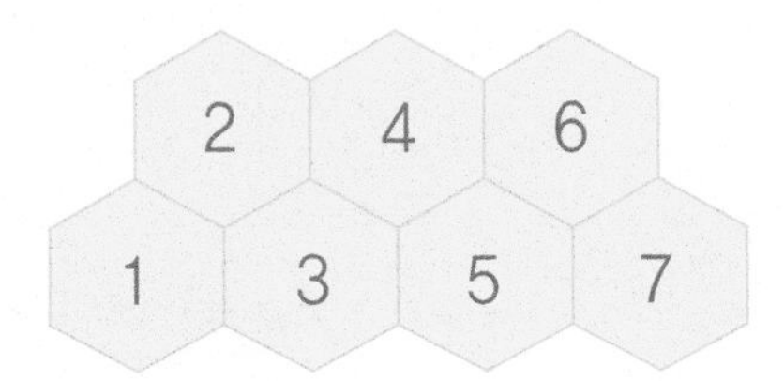

(2) 벌이 1번 벌집에서 9번 벌집까지 가야 합니다. 아래 벌집 모양에서 이동할 수 있는 방법은 몇 가지인지 구해 봅시다.

벌집 건너기에는 어떠한 규칙성이 있는지 찾아 써 봅시다.

수학 비밀 28 타일 덮기

창의는 주어진 두 가지 종류의 타일을 사용하여 바닥을 덮으려고 합니다. 덮을 수 있는 방법은 모두 몇 가지인지 알아봅시다. (단, 타일을 쪼개거나 겹쳐 붙일 수 없습니다.)

1. 주어진 타일을 이용하여 아래 모양을 덮으려고 합니다. 덮을 수 있는 방법의 수를 구해 봅시다.

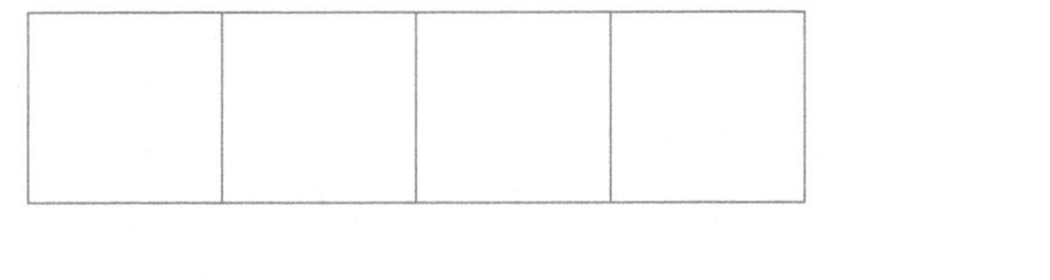

(　　　　　　　　)가지

2. 주어진 타일을 이용하여 아래 모양을 덮으려고 합니다. **1**에서 구한 방법을 이용하여 덮을 수 있는 방법의 수를 구해 봅시다.

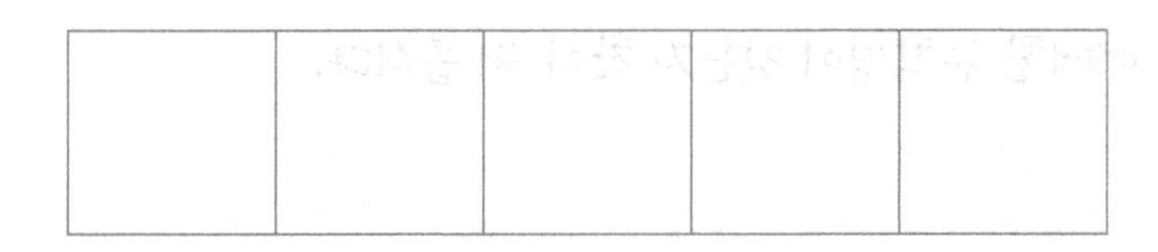

(　　　　　　　　)가지

3. 주어진 타일을 이용하여 아래 모양을 덮으려고 합니다. 덮을 수 있는 방법의 수를 구해 봅시다.

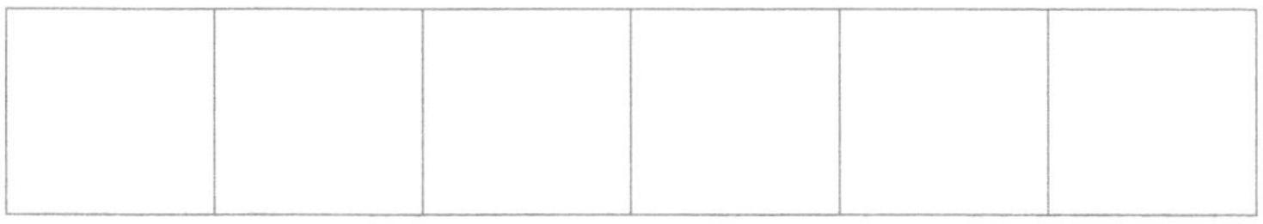

( )가지

4. 정사각형 10개가 한 줄로 붙어 있습니다. 주어진 두 가지 타일로 이 모양을 덮는다면 방법은 모두 몇 가지인지 구해 봅시다.

( )가지

5. 모양 타일만 사용하여 아래 모양을 덮으려고 합니다. 덮을 수 있는 방법의 수를 구해 봅시다.

( )가지

앞 문제들과 어떤 차이가 있는지 적어 봅시다.

수학비밀 29 벌집 퍼즐

벌집 퍼즐의 을 보고, 퍼즐을 해결해 봅시다.

규칙

명령에 따라 비어 있는 벌집을 채우거나 벌집 속의 수를 보고 비어 있는 명령을 써넣어야 합니다.

1.

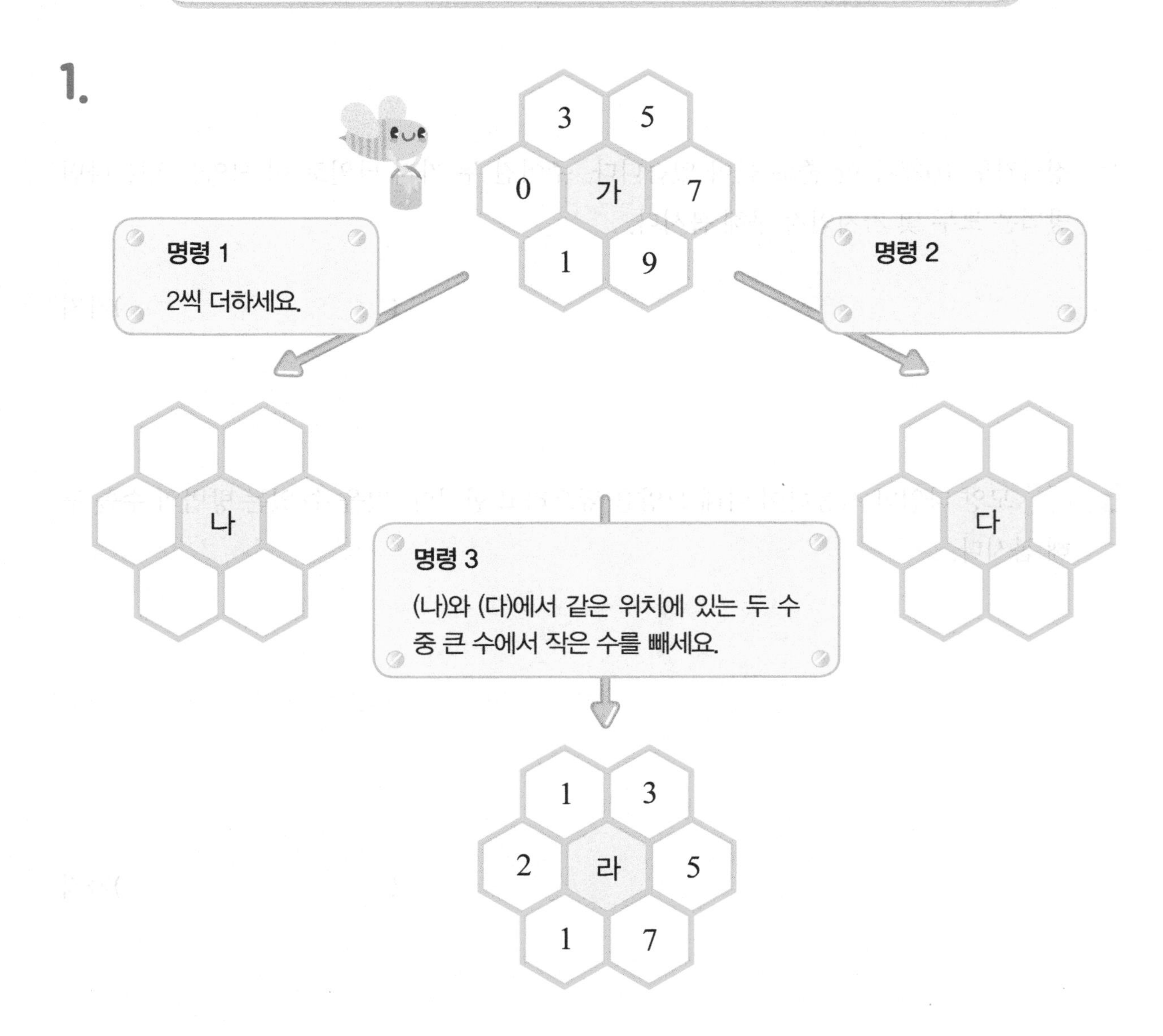

2.

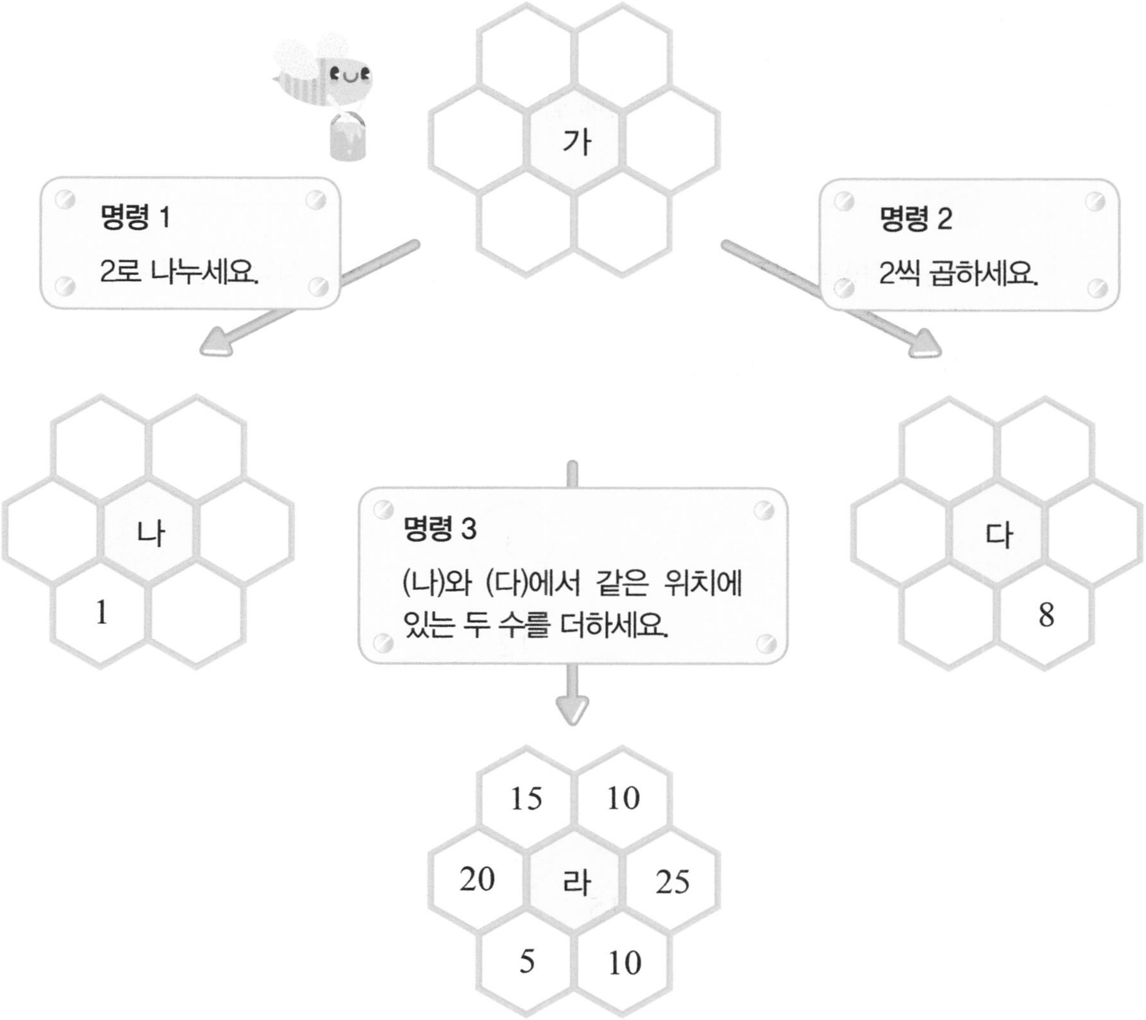

가

명령 1
2로 나누세요.

명령 2
2씩 곱하세요.

나
1

명령 3
(나)와 (다)에서 같은 위치에 있는 두 수를 더하세요.

다
8

15	10	
20	라	25
5	10	

수학비밀 30 꼭짓점 퍼즐

꼭짓점 퍼즐의 을 보고, 퍼즐을 해결해 봅시다.

규칙

1. 작은 삼각형의 꼭짓점에 있는 세 수의 합과 각각의 작은 삼각형 안의 수가 같아야 합니다.
2. 모든 꼭짓점에는 서로 다른 자연수가 들어갑니다.

1.

1부터 10까지의 수

(1) ㉡과 ㉣에 들어갈 수의 합은 얼마입니까? 이것을 이용하여 ㉢에 들어갈 수를 구하고, 같은 방법으로 ㉥에 들어갈 수도 구해 봅시다.

(2) ㉠과 ㉡에는 어떤 수들이 들어갈 수 있습니까? 그 이유를 이야기하고, 꼭짓점 퍼즐을 완성해 봅시다.

2.

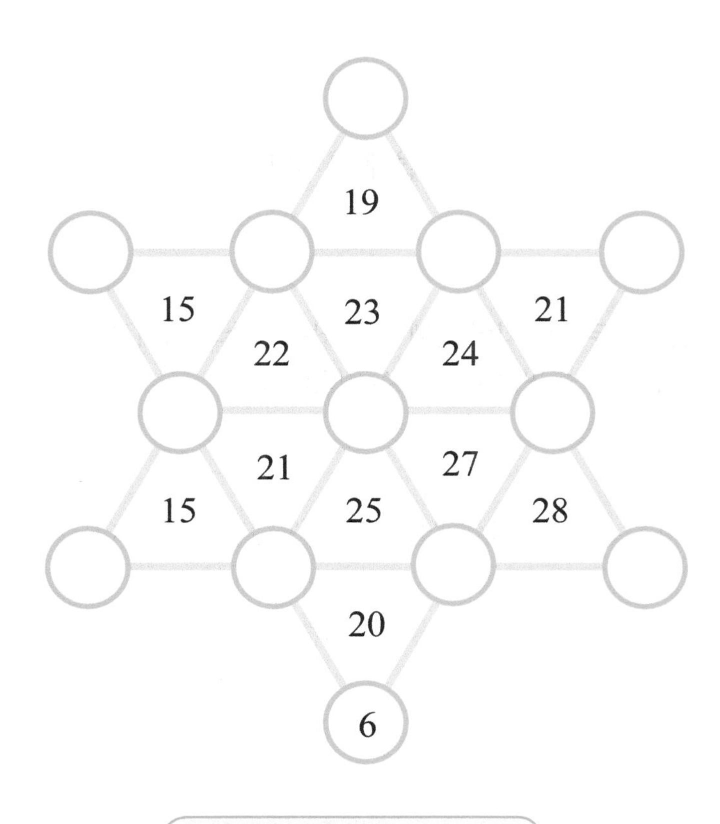

1부터 13까지의 수

수학 비밀 31 십자 퍼즐

십자 퍼즐의 을 보고, 퍼즐을 해결해 봅시다.

규칙

1. 가장 긴 두 직사각형 안에 들어가는 세 수의 합이 같아야 합니다.
2. 각 수는 한 번씩만 사용할 수 있습니다.

1. 1부터 5까지의 수를 사용하여 십자 퍼즐을 해결해 봅시다.

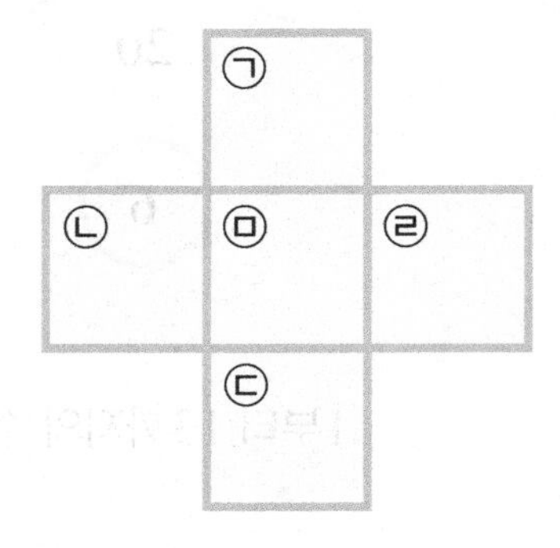

(1) ㉤에 들어갈 수 있는 수를 모두 써 봅시다.

(2) ㉤에 들어가는 수에 따라 가장 긴 두 직사각형 안에 들어가는 세 수의 합은 어떻게 달라집니까?

(3) 십자 퍼즐을 완성해 봅시다.

 주어진 수를 사용하여 십자 퍼즐을 해결해 봅시다.

(1)

6 7 8 9 10

(2)

2 4 6 8 10

(3)

5 10 15 20 25

수학비밀 32 ㄱ자 퍼즐

ㄱ자 퍼즐의 을 보고, 퍼즐을 해결해 봅시다.

규칙

1. 가장 긴 두 직사각형 안에 들어가는 수의 합이 같아야 합니다.
2. 각 수는 한 번씩만 사용할 수 있습니다.

1. 1부터 5까지의 수를 사용하여 ㄱ자 퍼즐을 해결해 봅시다.

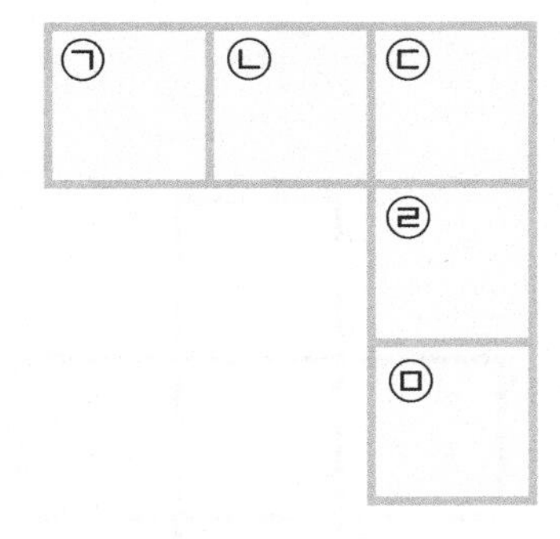

(1) ㉢에 들어갈 수 있는 수를 모두 써 봅시다.

(2) ㉢에 들어가는 수에 따라 가장 긴 두 직사각형 안에 들어가는 세 수의 합은 어떻게 달라집니까?

(3) ㄱ자 퍼즐을 완성해 봅시다.

2. 1부터 9까지의 수를 사용하여 ㄱ자 퍼즐을 해결해 봅시다.

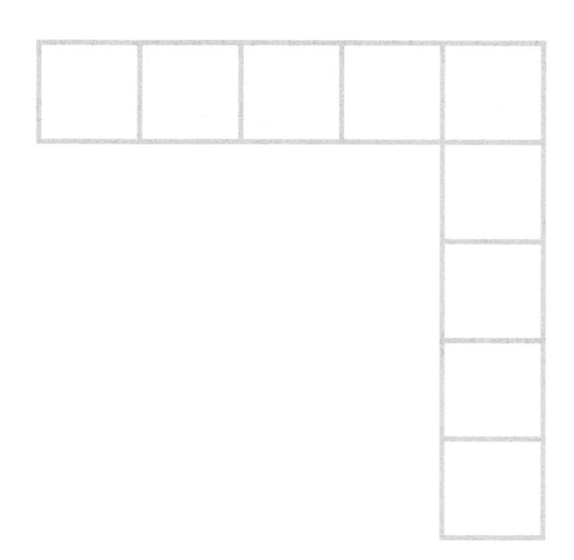

3. 변형된 ㄱ자 퍼즐입니다. 1부터 8까지의 수를 사용하여 가로 네 칸인 직사각형과 세로 다섯 칸인 직사각형 안에 들어가는 수의 합이 같도록 ㄱ자 퍼즐을 해결해 봅시다.

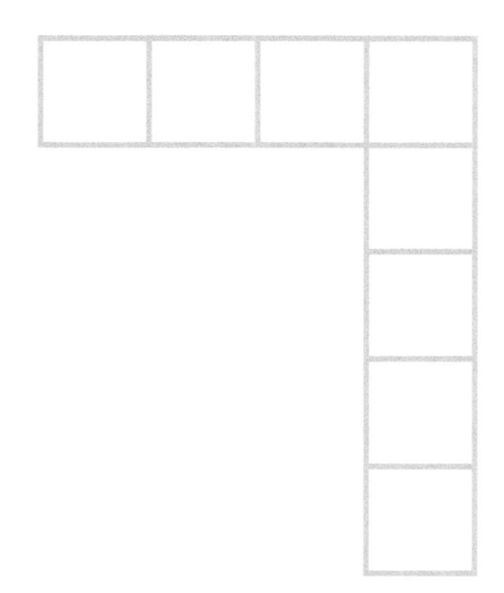

수학비밀 33 3차 마방진

마방진에서 '마(魔)'는 마법, '방(方)'은 사각형, '진(陣)'은 나열한다는 뜻입니다. 여러 칸으로 나누어진 사각형 모양의 표에 각 가로, 세로, 대각선의 합이 모두 같도록 주어진 수들을 나열한 것을 **마방진**이라고 합니다. 이때 가로, 세로, 대각선에 들어가는 수가 3개인 마방진을 **3차 마방진**이라고 부릅니다.

1부터 9까지의 수를 한 번씩만 사용하여 3차 마방진을 만들어 봅시다.

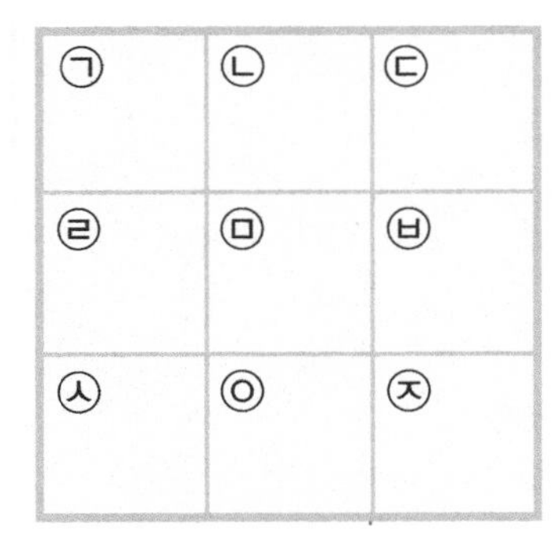

1. 한 가로줄과 세로줄, 대각선에 놓이는 세 수의 합은 얼마여야 합니까?

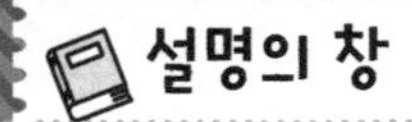

공통합

마방진에서 가로, 세로, 대각선의 위치에 놓인 세 수의 합은 모두 같아야 하며, 이 값은 모두 같기 때문에 **공통합**이라고 합니다.

2. 1부터 9까지의 수 중 합이 15가 되는 세 개의 수를 모두 찾아봅시다.

3. ⓜ에 들어갈 수는 무엇입니까? 그렇게 생각한 이유를 써 봅시다.

4. ㉠, ㉢, ㉦, ㉧에 들어갈 수는 무엇입니까?

5. 3차 마방진을 완성해 봅시다.

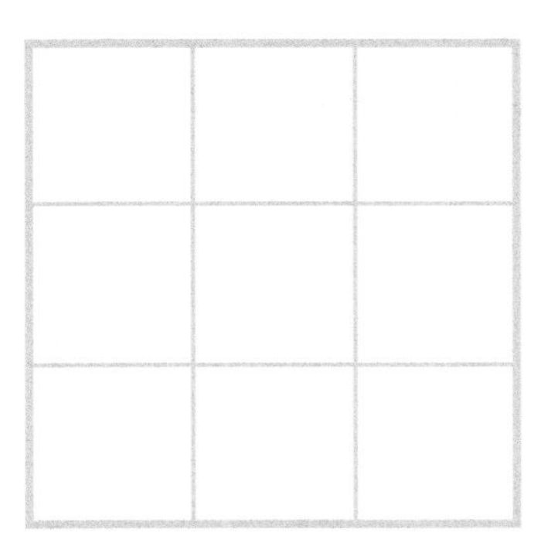

수학 비밀 34 마방진의 성질

1. 3차 마방진에서 만든 마방진을 왼쪽과 오른쪽으로 90°, 180°씩 각각 회전시켰을 때 다시 마방진이 되는지 확인해 봅시다.

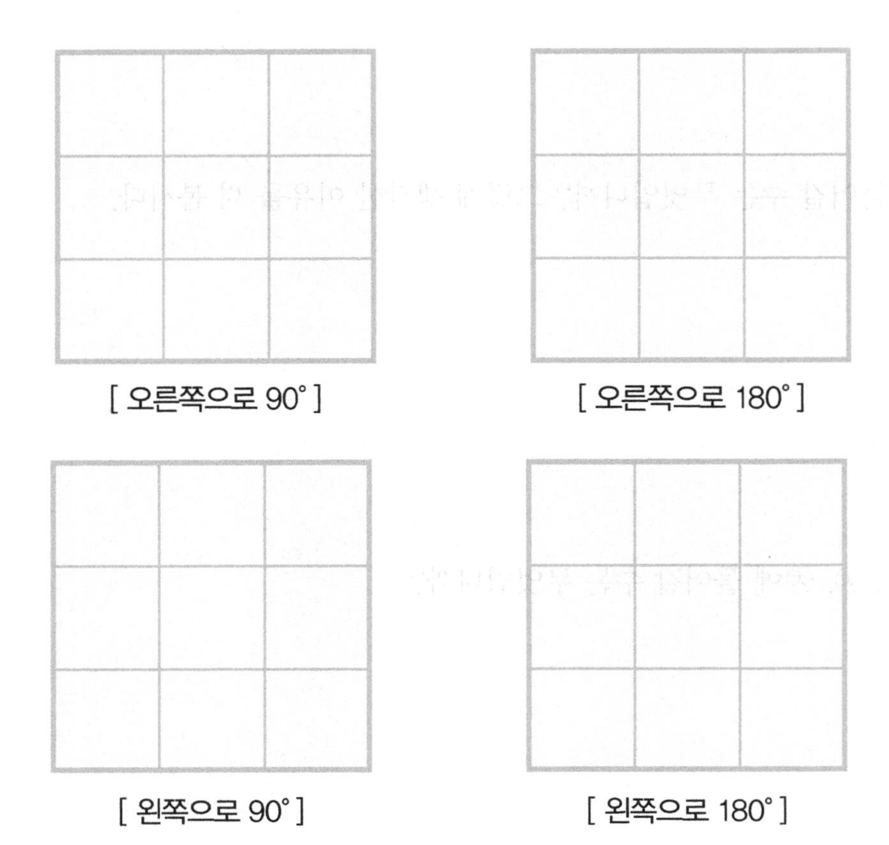

2. 3차 마방진에서 만든 마방진의 가로의 첫째 줄과 셋째 줄을 서로 바꾸어 봅시다. 또, 세로의 첫째 줄과 셋째 줄을 서로 바꾸었을 때 다시 마방진이 되는지 확인해 봅시다.

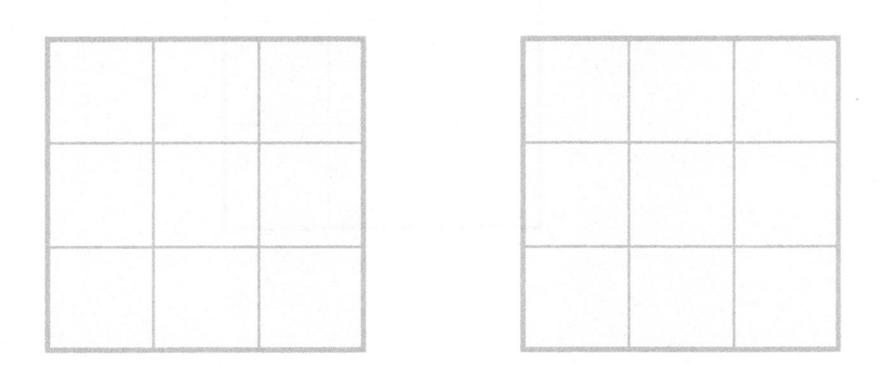

3. 주어진 수를 한 번씩만 사용하여 3차 마방진을 만들어 봅시다.

(1)

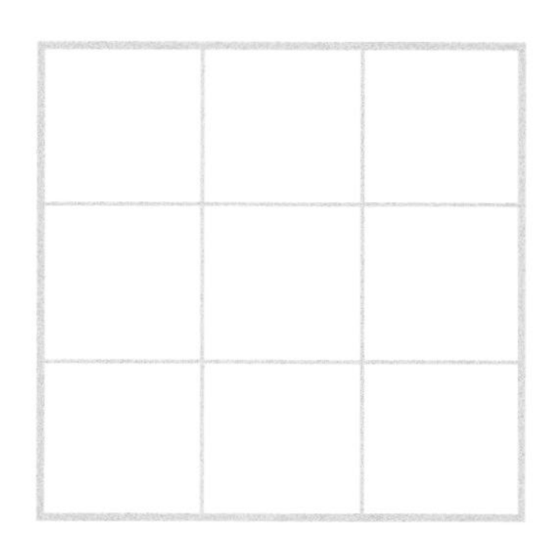

11부터 19까지의 수

(2)

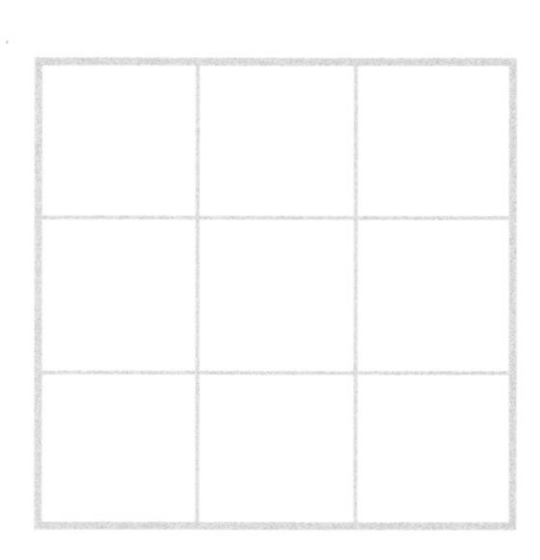

2부터 18까지의 짝수

설명의 창

홀수차 마방진 만들기

① 칸이 홀수인 정사각형을 만들고 아래 왼쪽 그림처럼 바깥 부분에 피라미드 모양으로 보조 칸을 덧붙입니다.

② 왼쪽 아래로부터 오른쪽 위를(또는 왼쪽 위로부터 오른쪽 아래를)향한 대각선 방향으로 1, 2, 3, 4, ……의 수를 써넣습니다.

③ 보조 칸에 있는 수는 좌 → 우, 우 → 좌, 상 → 하, 하 → 상 방향으로 마방진의 차수만큼 평행이동시켜 빈칸을 채웁니다.

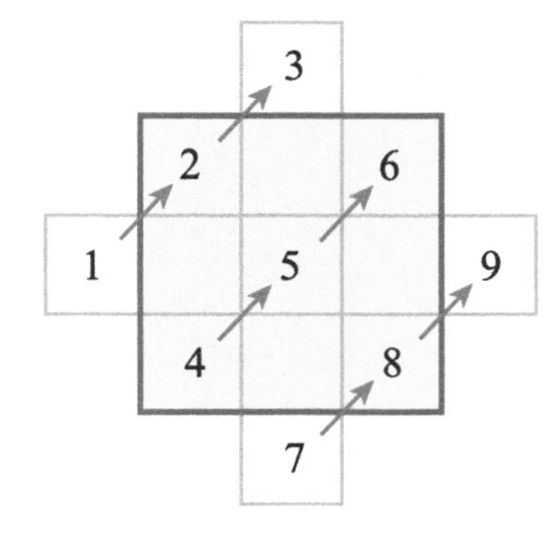

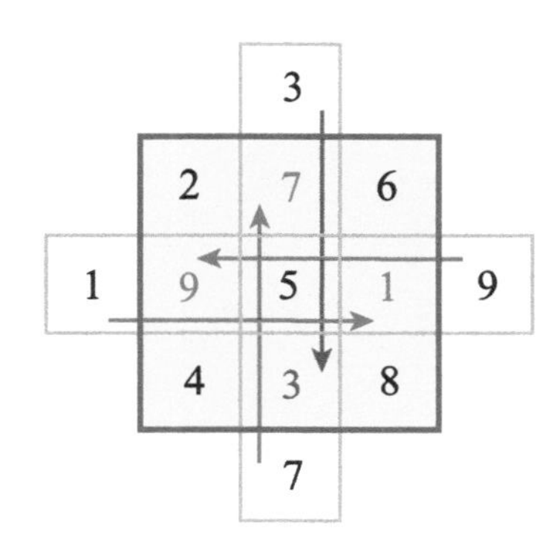

4. 1부터 9까지의 수를 한 번씩만 사용하여 3차 마방진을 하나 만들고, 이 마방진의 각 칸에 같은 수를 더하거나 곱해도 마방진이 되는지 확인해 봅시다.

(1)

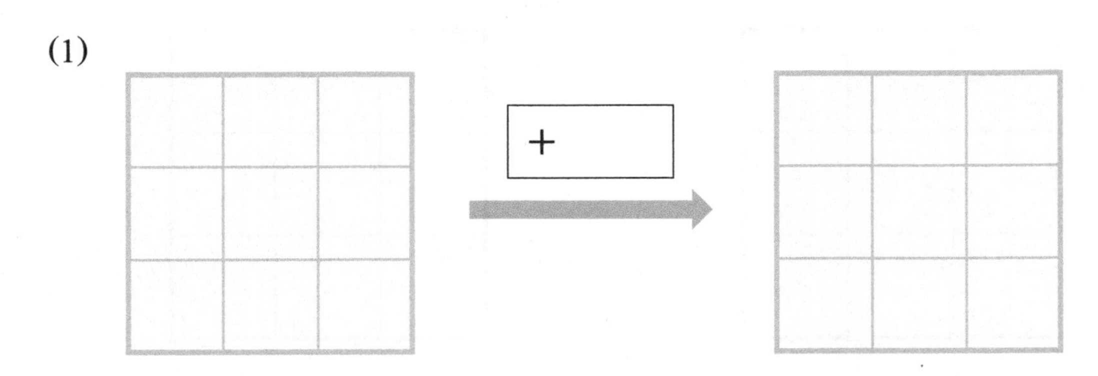

(2)

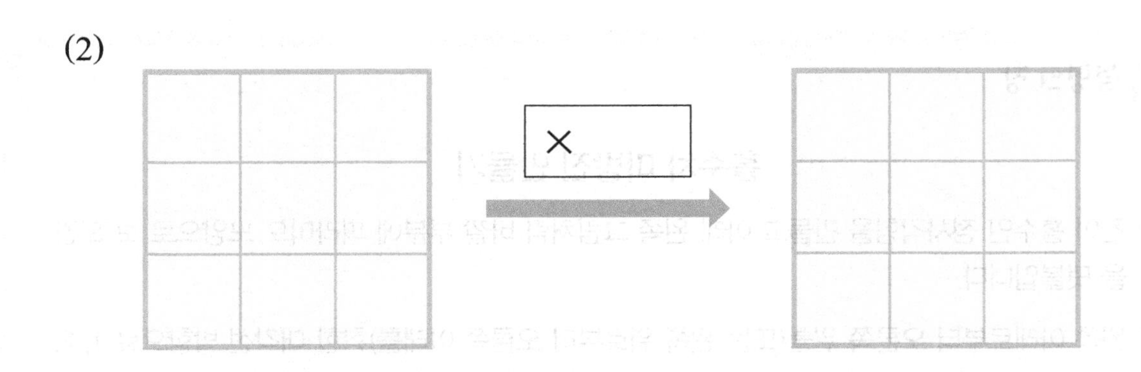

5. 1부터 9까지의 수를 한 번씩만 사용하여 서로 다른 3차 마방진을 두 개 만들고, 이 두 마방진의 서로 같은 위치의 수들을 더하거나 곱해도 마방진이 되는지 확인해 봅시다.

(1)

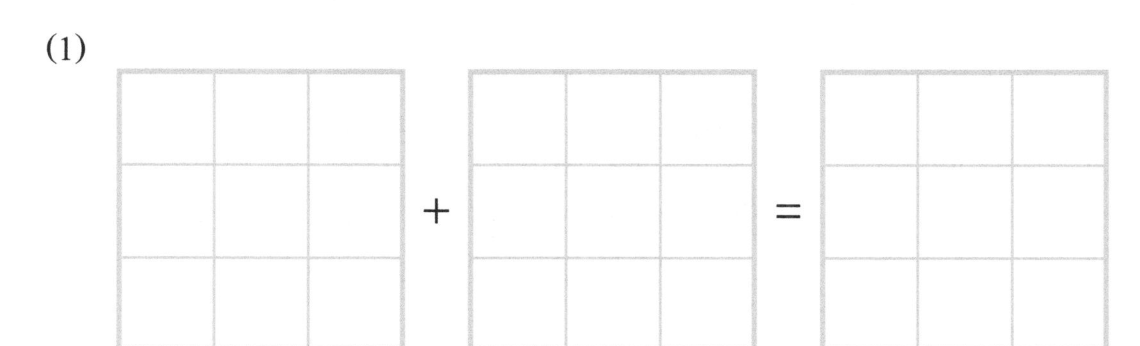

(2)

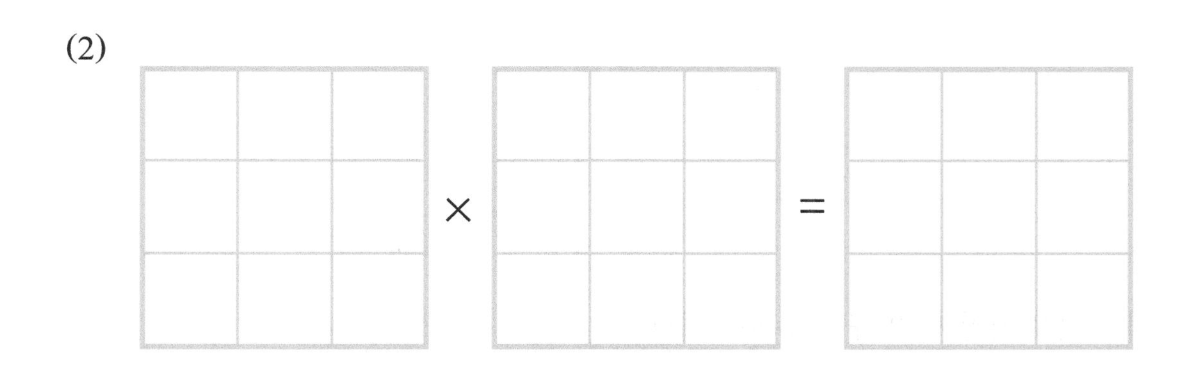

마방진은 어떤 성질들을 가지고 있는지 정리해 봅시다.

수학 비밀 35 4차 마방진

1부터 16까지의 수를 한 번씩만 사용하여 다음 4차 마방진을 완성해 봅시다.

16	㉠	㉡	4
㉢	7	11	㉣
㉤	㉥	㉦	15
㉧	㉨	8	1

1. 공통합을 구하고, 구한 방법을 써 봅시다.

2. 어느 칸을 가장 먼저 채울 수 있습니까?

3. 4차 마방진을 완성해 봅시다.

16			4
	7	11	
			15
		8	1

설명의 창

4차 마방진 만들기

① 아래 맨 왼쪽 그림처럼 영역을 9개의 구역으로 나눕니다.
② 붉은색으로 표시된 B, D, F, H 영역에 윗줄부터 정방향으로 수를 써넣습니다.
③ 파란색으로 표시된 나머지 영역에 아랫줄 끝에서부터 역방향으로 수를 써넣습니다.

A	B	C
D	E	F
G	H	I

→

	2	3	
5			8
9			12
	14	15	

→

16	2	3	13
5	11	10	8
9	7	6	12
4	14	15	1

수학비밀 36 삼각진

삼각진은 삼각형의 각 변에 있는 수들의 합이 같도록 만든 것입니다. 물음에 답해 봅시다.

1. 1부터 9까지의 수를 한 번씩만 써넣어 공통합이 21이 되도록 다음 삼각진을 완성해 봅시다.

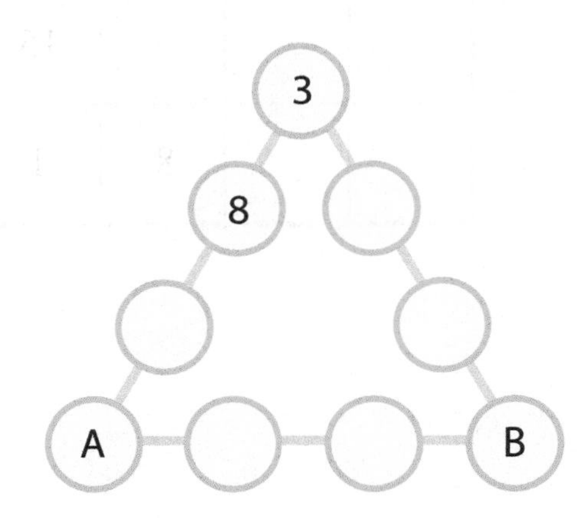

(1) 1부터 9까지의 합은 얼마입니까?

(2) 세 변의 합을 모두 더하면 얼마입니까?

(3) A, B는 각각 어떤 수가 되어야 합니까?

(4) 공통합이 21인 삼각진을 완성해 봅시다.

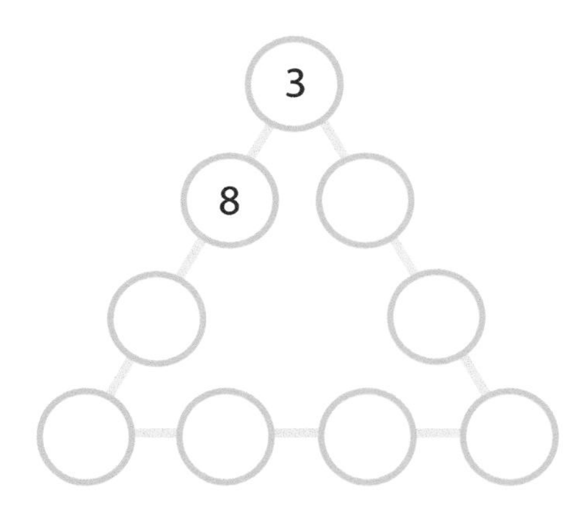

2. 1부터 9까지의 수를 한 번씩만 써넣어 공통합이 최소인 삼각진을 만들어 봅시다.

(1) 공통합이 최소가 되려면 삼각진의 세 꼭짓점에는 어떤 수들이 들어가야 합니까?

(2) 삼각진의 세 꼭짓점에 (1)의 세 수를 넣으면 공통합은 얼마가 됩니까?

(3) 공통합이 최소가 되도록 다음 삼각진을 완성해 봅시다.

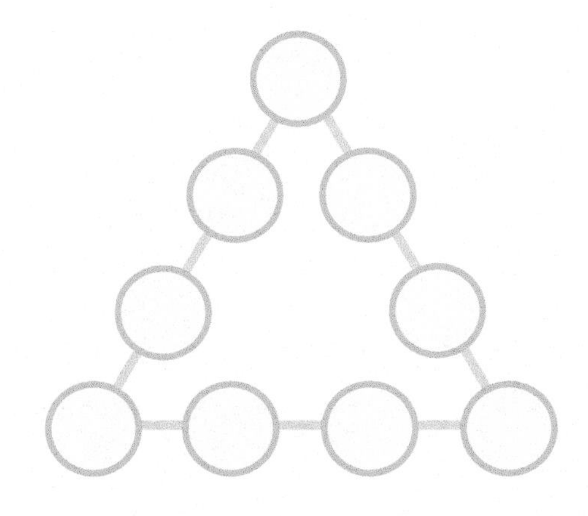

3. 1부터 9까지의 수를 한 번씩만 써넣어 공통합이 최대인 삼각진을 만들어 봅시다.

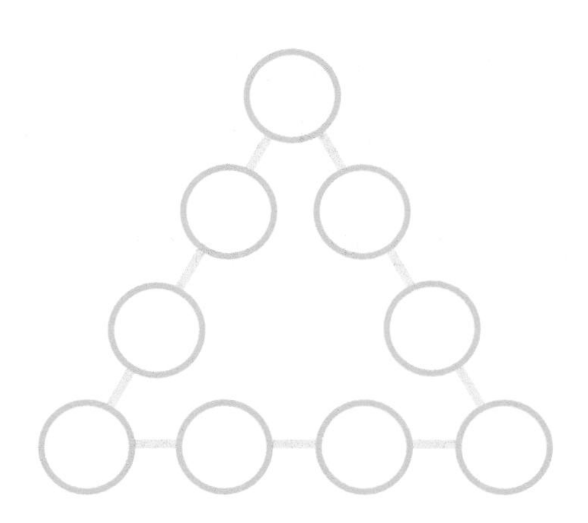

수학비밀 37 테두리 방진

테두리 방진은 마방진 모양에서 가운데 부분을 빼고 테두리에만 숫자를 써넣어 가로, 세로에 있는 수들의 합이 같도록 만든 것입니다. 물음에 답해 봅시다.

1. 1부터 10까지의 수를 한 번씩만 써넣어 공통합이 19가 되도록 다음 테두리 방진을 완성해 봅시다.

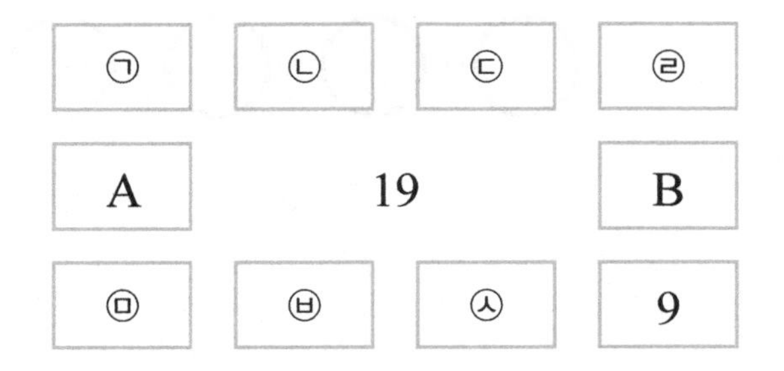

(1) 1부터 10까지의 합을 구해 봅시다.

(2) ㉠+㉡+㉢+㉣과 ㉤+㉥+㉦+9의 값은 각각 얼마입니까?

(3) A와 B는 각각 어떤 수가 되어야 합니까?

(4) 공통합이 19인 테두리 방진을 완성해 봅시다.

	19		
			9

2. 1부터 10까지의 수를 한 번씩만 써넣어 공통합이 최소인 테두리 방진을 만들어 봅시다.

㉠			㉡
8			

(1) ㉠과 ㉡에 들어가는 두 수의 합은 짝수가 되어야 합니까? 홀수가 되어야 합니까? 그 이유를 써 봅시다.

(2) ㉠과 ㉡의 합이 얼마일 때 공통합이 최소가 될까요? 공통합의 최솟값을 구해 봅시다.

(3) 공통합이 최소가 되도록 다음 테두리 방진을 완성해 봅시다.

8			

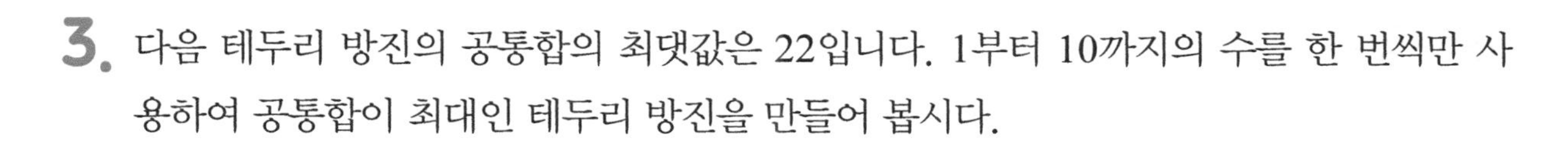

3. 다음 테두리 방진의 공통합의 최댓값은 22입니다. 1부터 10까지의 수를 한 번씩만 사용하여 공통합이 최대인 테두리 방진을 만들어 봅시다.

(1) ㉠과 ㉡에 들어가는 두 수의 합을 구해 봅시다.

(2) 공통합이 22가 되도록 다음 테두리 방진을 완성해 봅시다.

수학 비밀 38 규칙 찾기

1. 축제에 다음과 같은 음악이 반복해서 울려 퍼지고 있습니다. 물음에 답해 봅시다.

(1) 음악이 시작되어 '솔'이 10번 들릴 때까지 '도'는 몇 번 들리게 되는지 구하고, 그 방법을 써 봅시다.

(2) 음악이 시작되어 '도'가 14번 들릴 때까지 '라'는 몇 번 들리게 되는지 구하고, 그 방법을 써 봅시다.

2. 건축물에 조명이 다음과 같은 순서로 총 100번 들어옵니다. 물음에 답해 봅시다.

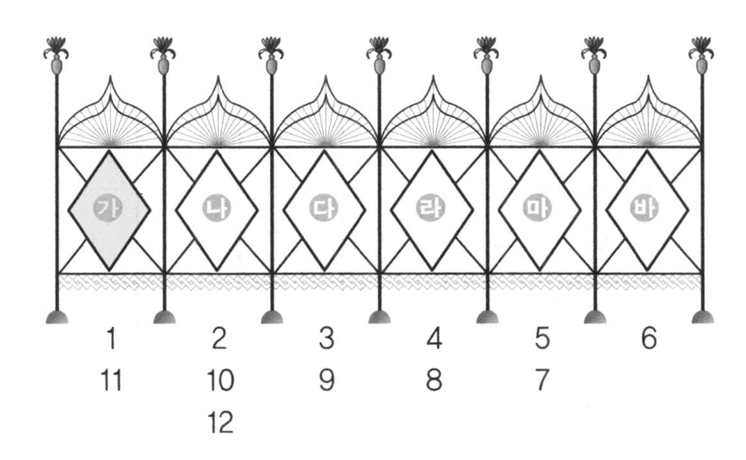

(1) ㉮ 조명은 몇 번 켜지는지 구해 봅시다.

(2) 마지막 조명이 켜지는 위치를 구하고, 그 방법을 써 봅시다.

3. 다음과 같은 건축물에 두 가지 색깔의 조명이 왕복으로 들어옵니다. 조명은 1분마다 일정한 규칙으로 켜집니다. 물음에 답해 봅시다.

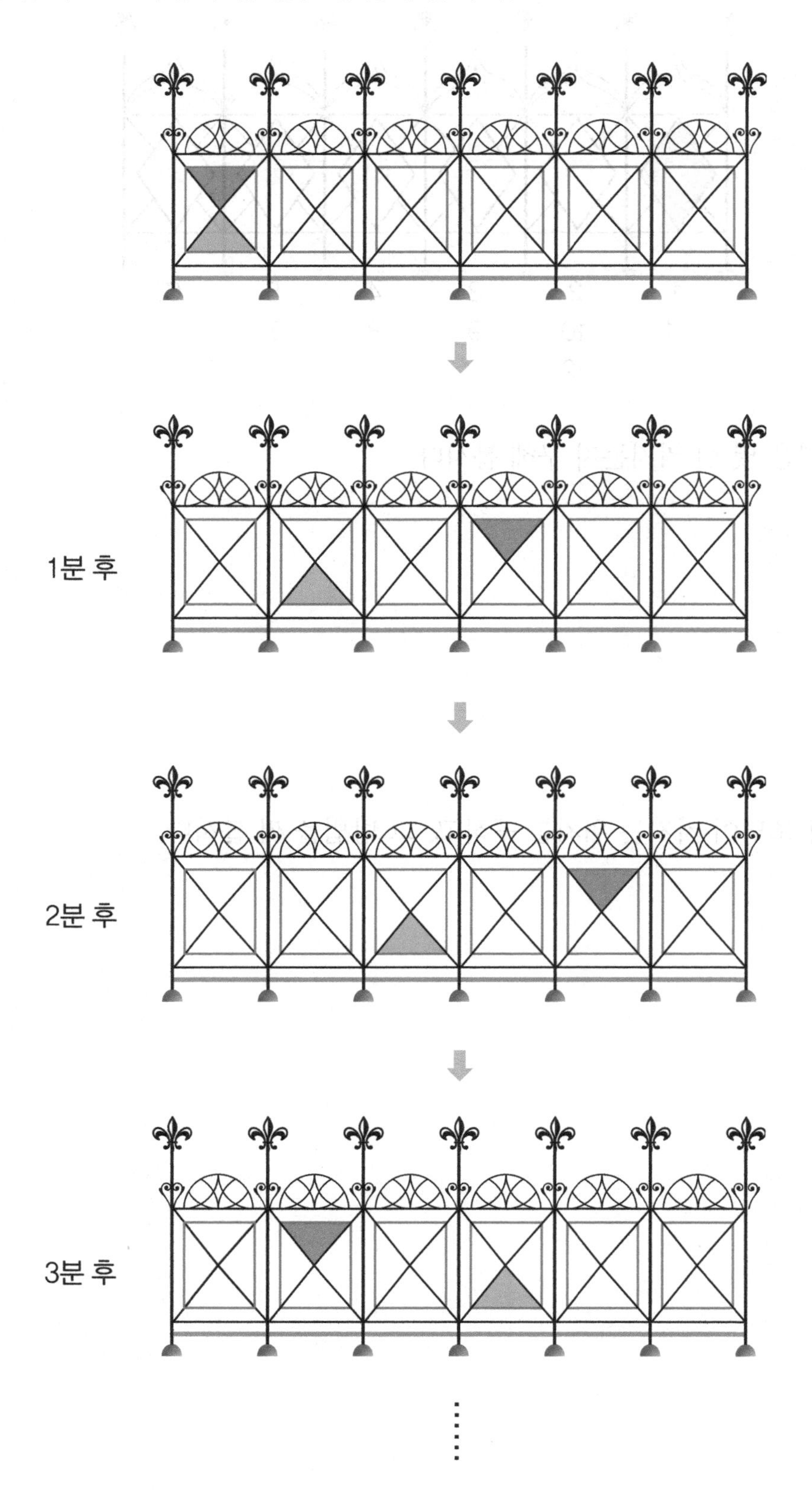

(1) 건축물의 조명이 들어오는 규칙을 써 봅시다.

(2) 조명이 들어오기 시작하여 두 조명이 처음으로 동시에 들어오는 것은 몇 분 후인지 구해 봅시다.

(3) 조명이 들어오기 시작하여 두 조명이 두 번째로 동시에 들어오는 것은 몇 분 후인지 구해 봅시다.

(4) 90분 동안에 두 조명이 동시에 들어오는 것은 모두 몇 번인지 구하고, 그 방법을 써 봅시다. (단, 처음 동시에 들어온 때도 포함합니다.)

수학 비밀 39 규칙 찾아 해결하기

1. 조명회사에서 다음과 같은 3가지 색깔의 조명이 달린 건축물을 어떤 규칙에 의해 만들고 있습니다. 물음에 답해 봅시다.

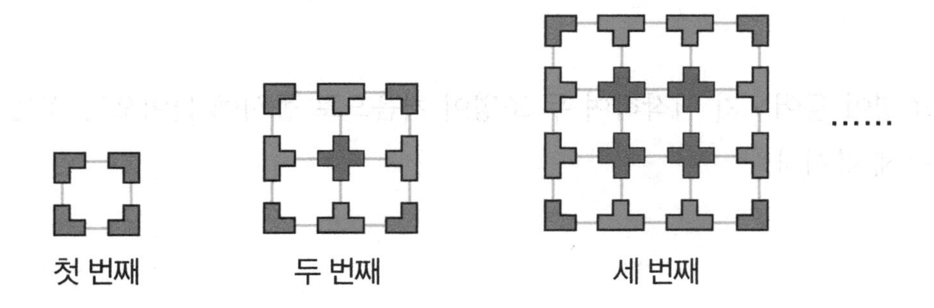

(1) 다음 표를 완성하고, 각 색깔의 조명이 어떤 규칙에 의해 늘어나는지 찾아 써 봅시다.

구분	첫 번째	두 번째	세 번째
빨간색			
파란색			
보라색			

(2) 보라색 조명이 파란색 조명의 개수보다 많아지는 것은 몇 번째인지 구해 봅시다.

2. 축제에 쓰일 꽃가루를 만들려고 20장의 색종이를 준비했습니다. 먼저 색종이 20장을 상자에 담고 그 중에서 5장을 골라 각각 10조각으로 자른 다음 상자에 넣습니다. 다시 상자에서 크기에 상관없이 아무 색종이나 5장을 골라 각각 10조각으로 자르고 상자에 넣습니다. 이렇게 자르고 넣기를 20번 반복한다면 상자안의 색종이는 모두 몇 조각이 되었을지 구해 봅시다.

(1) 처음 20장의 색종이에서 5장을 골라 각각 10조각으로 잘랐을 때 색종이 조각은 몇 장이 더 늘어났는지 구해 봅시다.

(2) 이렇게 자르고 넣기를 두 번 반복한 후 색종이는 그 전 단계보다 몇 장 더 늘어났는지 구해 봅시다.

(3) 20번 반복한 후 색종이는 모두 몇 장이 되었는지 구해 봅시다.

3. 테이블과 의자가 다음과 같은 규칙에 따라 놓여 있습니다. 물음에 답해 봅시다.

(1) 테이블이 10개 놓인다면 의자가 몇 개 필요한지 구하고, 그 방법을 써 봅시다.

(2) 의자가 총 78개 있다면 책상은 몇 개 놓이는지 구하고, 그 방법을 써 봅시다.

4. 축제의 원활한 진행을 위해 다음과 같은 바리케이드를 계속 늘려가며 설치하고 있습니다. 사용된 파이프의 개수가 72개라면 가장 작은 정삼각형 모양이 몇 개 있는지 구해봅시다.

수학 비밀 40 하노이의 탑

1. 다음 두 가지 을 만족시키면서, 한 기둥에 꽂힌 원판들을 그 순서 그대로 다른 기둥으로 옮겨서 다시 쌓는 게임을 '하노이의 탑'이라고 합니다.

조건

1. 한 번에 하나의 원판만 옮길 수 있다.
2. 큰 원판이 작은 원판 위에 있어서는 안 된다.

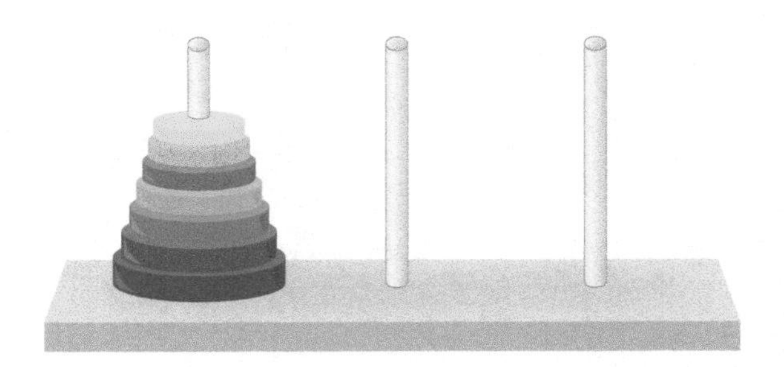

위의 문제를 쉽게 해결하기 위한 방법은 무엇입니까?

2. 원판을 옮기는 최소 횟수를 알아봅시다.

(1) 원판이 1개일 때, 최소 몇 번 옮겨야 하는지 구해 봅시다.

(2) 원판이 2개일 때, 최소 몇 번 옮겨야 하는지 구해 봅시다.

(3) 원판이 3개일 때, 최소 몇 번 옮겨야 하는지 구해 봅시다.

3. 앞에서 구한 최소 이동 횟수가 맞는지 다른 방법으로 확인해 봅시다.

(1) 4개의 원판을 옮기는 것과 3개의 원판을 옮기는 것과의 관계를 찾아 써 봅시다.

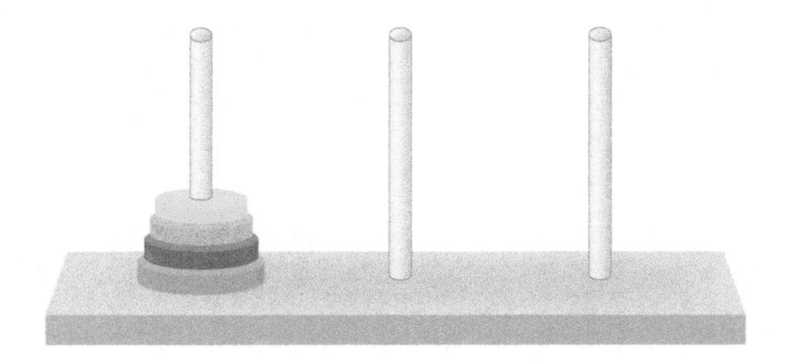

(2) □개의 원판을 옮기는 것과 (□−1)개의 원판을 옮기는 것과의 관계를 찾아 써 봅시다.

4. 하노이의 탑에 숨어있는 규칙을 알아봅시다.

(1) □개의 원판을 옮기는 최소 횟수와 (□−1)개의 원판을 옮기는 최소 횟수와의 관계를 써 봅시다.

(2) 다음 표를 완성하고, 최소 이동 횟수는 어떤 규칙으로 늘어나는지 찾아 써 봅시다.

원판의 수(개)	2	3	4	5	6	7
최소 이동 횟수(번)						

(3) 위에서 찾은 규칙이 생기는 이유를 (1)을 이용하여 써 봅시다.

수학비밀 41 여러 가지 수열

1. 다음 그림과 같이 크기가 같은 2개의 원이 만났을 때 생기는 점의 최대 개수는 2개입니다. 원을 12개 그린다고 할 때, 원과 원이 만나서 생기는 점의 최대 개수는 몇 개인지 구해 봅시다.

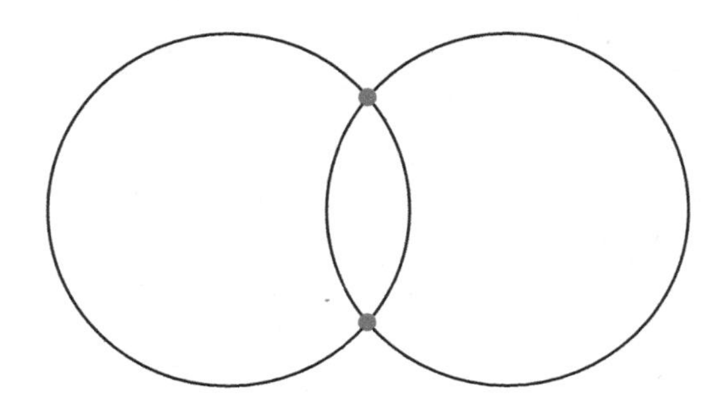

(1) 위와 같은 방법으로 3개의 원을 그렸을 때 생기는 점의 최대 개수를 구해 봅시다.

(2) 위와 같은 방법으로 4개의 원을 그렸을 때 생기는 점의 최대 개수를 구해 봅시다.

(3) 다음 표를 완성하고, 점의 개수가 어떤 규칙으로 늘어나는지 찾아 써 봅시다.

원의 개수(개)	1	2	3	4	5	6
점의 개수(개)						

(4) 원을 12개 그린다고 할 때, 원과 원이 만나서 생기는 점의 최대 개수는 몇 개인지 구해 봅시다.

2. 암수 토끼 1쌍은 태어나서 1달이 지나면 어미 토끼가 됩니다. 이들은 어미 토끼가 되고서 1달이 지나면 1쌍의 암수 토끼를 낳습니다. 이들은 그 뒤로 1달마다 암수 토끼 1쌍씩 낳습니다. 갓 태어난 암수 토끼 1쌍을 키웁니다. 태어난 모든 토끼가 죽지 않았을 때, 일 년 뒤에 토끼는 모두 몇 쌍이 되는지 구해 봅시다.

3. 보기와 같이 주어진 실을 반으로 구부린 다음 가위로 자르는 것을 반복하였습니다. 물음에 답해 봅시다.

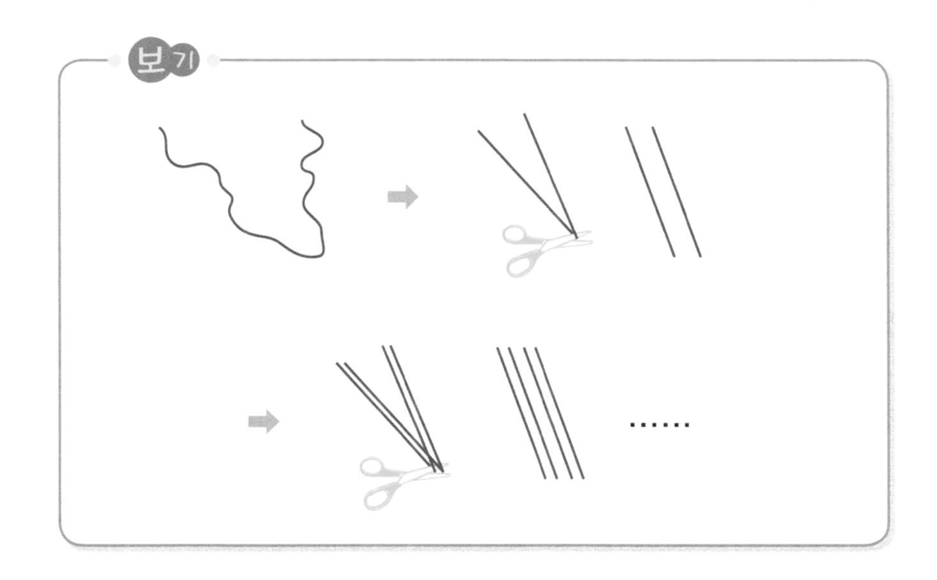

(1) 다음 표를 완성해 봅시다.

자른 횟수(번)	1	2	3	4	5
실의 개수(개)					

(2) 실의 개수는 어떤 규칙으로 늘어나는지 찾아 써 봅시다.

(3) 실을 8번 잘랐을 때, 실은 몇 개인지 구해 봅시다.

수학비밀 42 신비한 도형수

1. 삼각형 모양의 배열로 구슬을 놓고 있습니다. 물음에 답해 봅시다.

(1) 발견할 수 있는 규칙을 찾아 다음 표를 완성해 봅시다.

첫 번째	두 번째	세 번째	네 번째
1	3		
1	1+2		

(2) 발견한 규칙을 이용하여 20번째 구슬의 개수를 구해 봅시다.

2. 사각형과 오각형 모양의 배열로 구슬을 놓고 있습니다. 물음에 답해 봅시다.

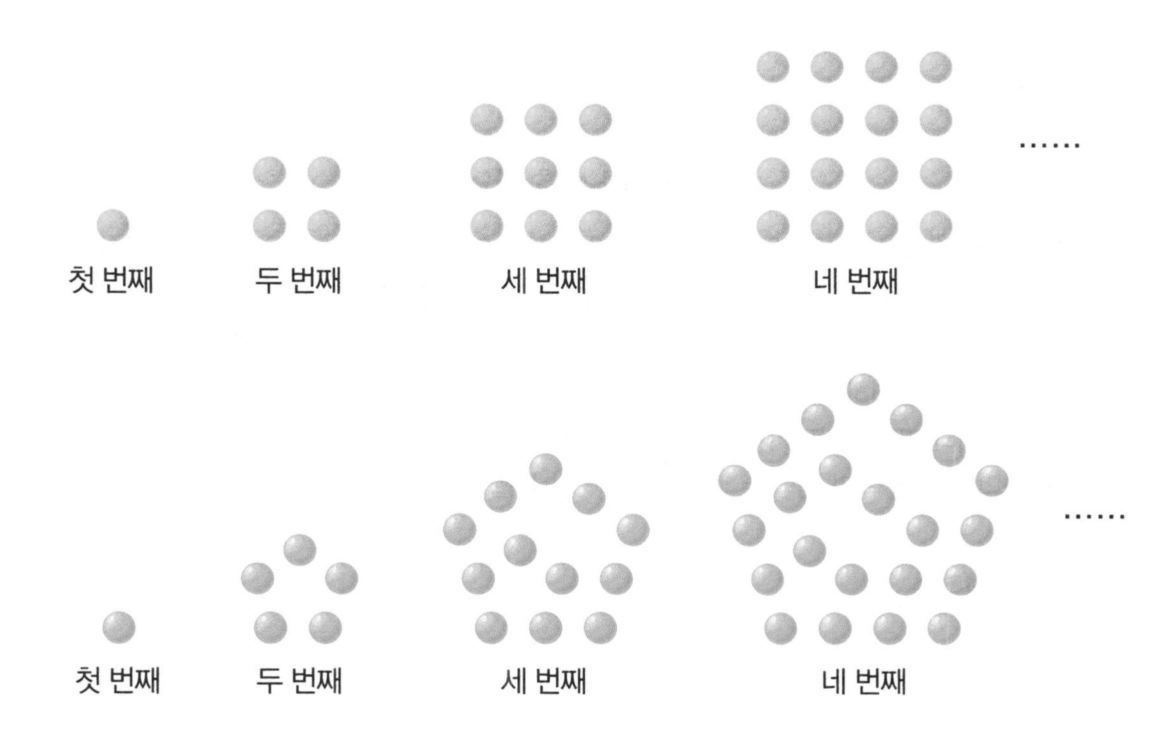

(1) 발견할 수 있는 규칙을 찾아 다음 표를 완성해 봅시다.

구분	첫 번째	두 번째	세 번째	네 번째
사각형 모양				
오각형 모양				

(2) 발견한 규칙을 이용하여 20번째 구슬의 개수를 구해 봅시다.

수학 비밀 43 도형수 사이의 관계

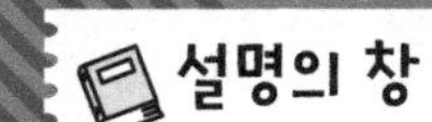

피타고라스 학파와 도형수

피타고라스는 직각삼각형에 관한 유명한 정리로 잘 알려진 고대 그리스의 철학자이자 수학자입니다. 피타고라스를 따르는 피타고라스 학파 사람들은 자연의 모든 것은 수로 표현하는 것이 가능하다고 믿었습니다. 실제로 그들은 "세상 모든 것은 수이다."라는 좌우명을 가지고 수를 연구하여 도형수를 발견하였습니다.

도형수는 피타고라스 학파가 도형을 수와 관계지은 것으로 도형의 형태로 배열되는 수를 말합니다. 도형의 모양에 따라 **삼각수**, **사각수**, …… 라 부릅니다.

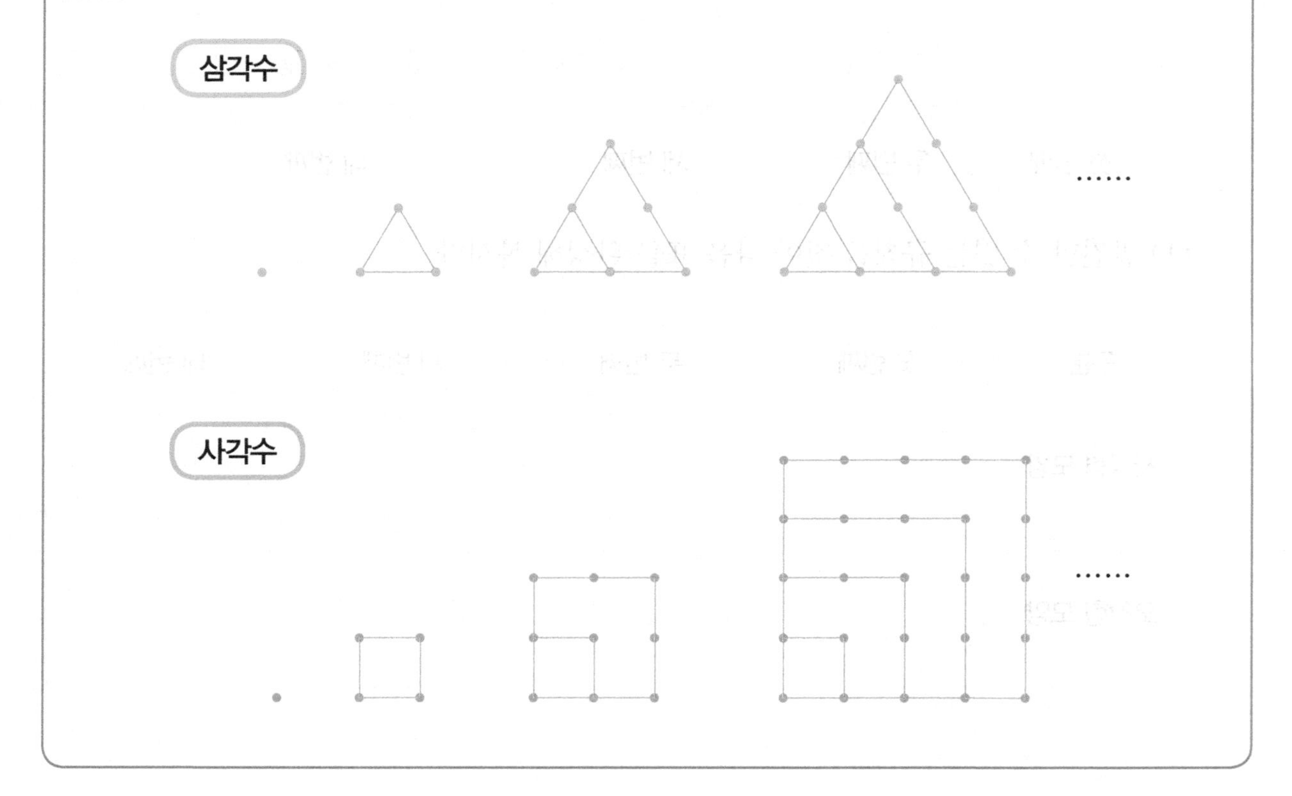

1. 삼각수와 사각수 사이의 관계를 알아봅시다.

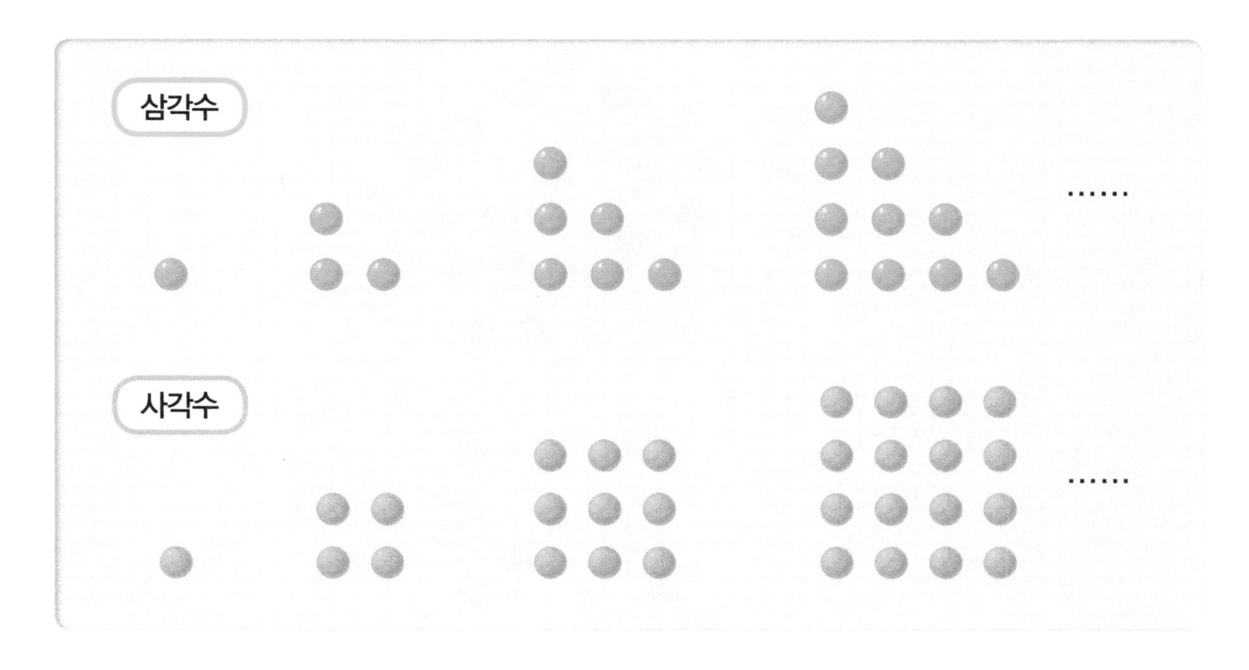

(1) 사각수를 삼각수만을 이용하여 나타내어 봅시다.

(2) 삼각수와 사각수 사이에 어떤 규칙이 있는지 찾아 써 봅시다.

2. 오각수를 다른 도형수로 나타내는 방법을 되도록 많이 찾아 써 봅시다.

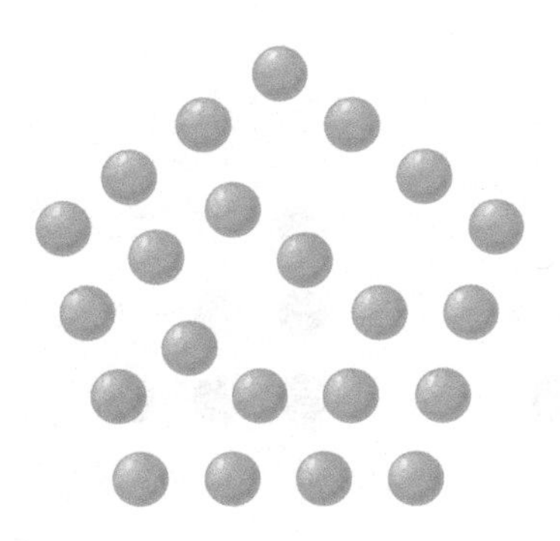

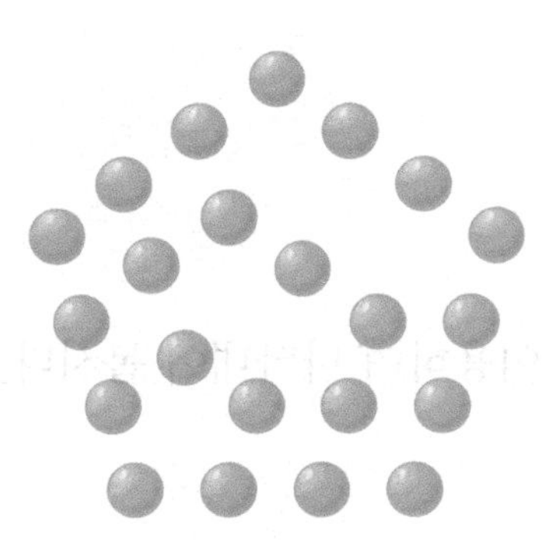

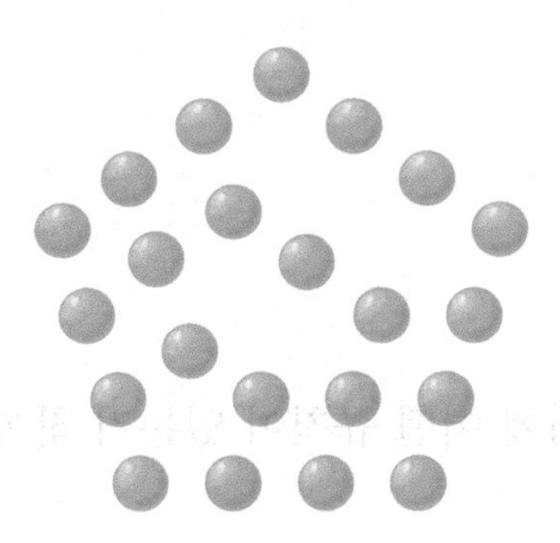

3. 영재는 중심이 있는 정삼각형의 배열로 중심 삼각수를 만들었습니다. 9번째 중심 삼각수를 구하고, 그 방법을 써 봅시다.

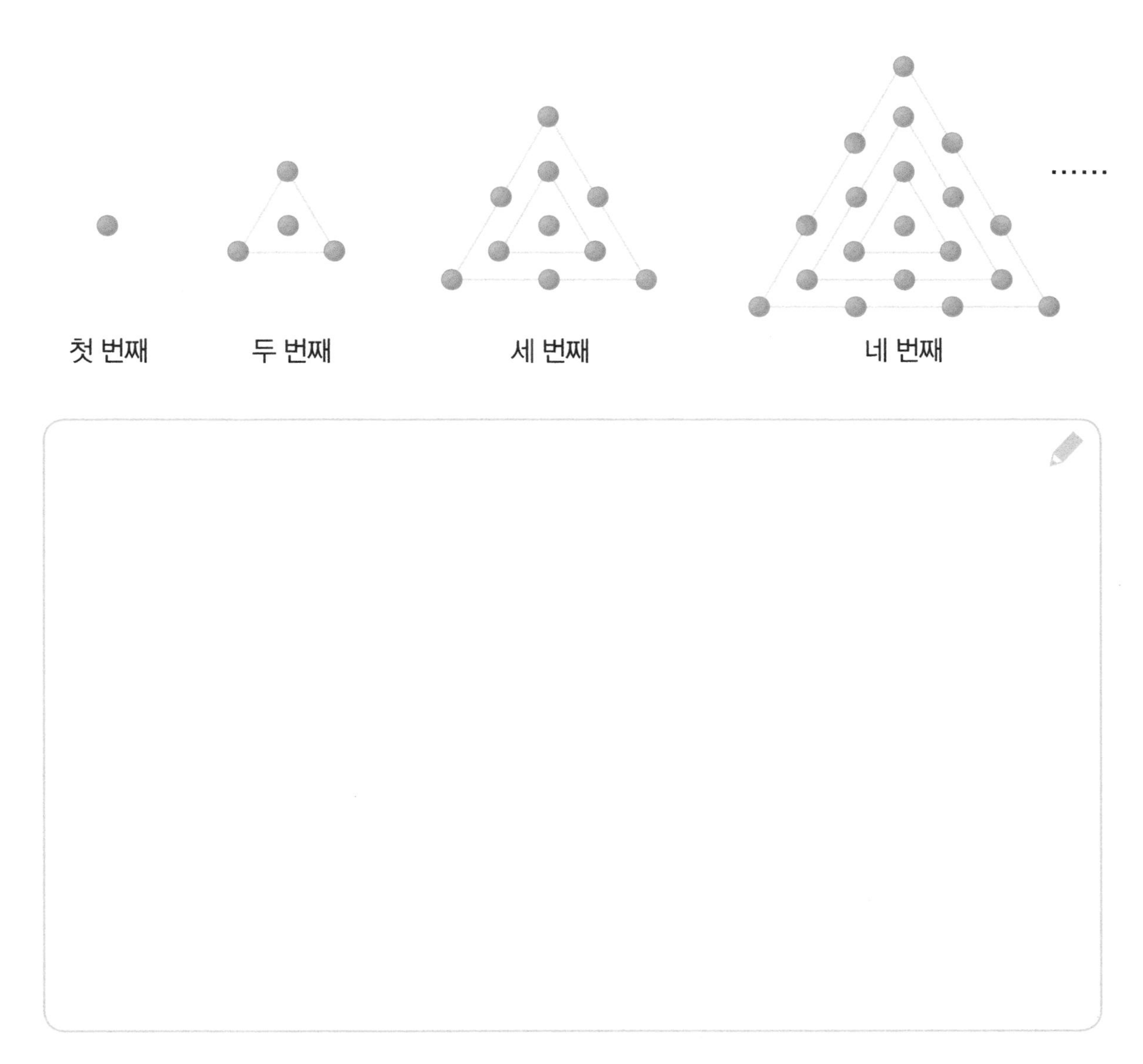

정답 및
풀이

Stage 1. 학교 공부 다지기

1 10~11쪽

1. 27
2. 8조 5000억
3. 2개
4. 75°
5. 각도의 합: 300°, 각도의 차: 60°
6. 180°

풀이

1. 1000원 짜리를 제외하고 단위에 따라 입금한 금액을 계산해 보면,
50원×32=1600(원),
100원×68=6800(원),
5000원×7=35000(원),
10000원×12=120000(원),
50000원×3=150000(원)입니다.
이들을 합해 보면,
1600+6800+35000+120000+150000=313400원입니다. 따라서 (1000원 짜리로 입금한 금액)=(전체 입금한 금액)−(1000원 짜리를 제외한 단위의 입금액)=340400−313400=27000(원)
1000원 짜리 □(장)=27000이므로 □=27입니다.

2. 10억씩 700번 뛰어 세기를 한 것은 1000억씩 7번 한 것과 같습니다.
따라서 9조 2000억에서 1000억씩 거꾸로 7번 뛰어 세기를 하면
9조 2000억-9조 1000억-9조-8조 9000억-8조 8000억-8조 7000억-8조 6000억-8조 5000억입니다.

3. 일곱 자리 수 □□□□□□□에서 4000과 200을 표시하면, □□4□2□□이고, 가장 높은 숫자는 6이므로 6□4□2□□, 일의 자리와 십의 자리 수를 나타내면 6□4□210입니다.
사용하지 않은 수 '3, 5, 7, 8, 9' 중에서 십만과 천의 자리 수의 합이 8이므로 8이 되는 수는 (3, 5) 또는 (5, 3)입니다. 그러므로 만들 수 있는 수는 6345210, 6543210으로 2개입니다.

4. 직선이 이루는 각은 180°이므로 나머지 한 각은 180°−55°=125°입니다. 사각형의 네 각의 합은 360°이므로 세 각의 합인 70°+125°+90°=285°를 360°에서 빼면 ㉠의 값이 됩니다. ㉠=360°−285°=75°

5. 시곗바늘이 한 바퀴 돌면 360°이므로 12개로 나누어진 시계의 숫자 사이의 각도는 360÷12=30°입니다.
시계 가: 6칸이므로 30°×6=180°,
시계 나: 4칸이므로 30°×4=120°
각도의 합: 180°+120°=300°,
각도의 차: 180°−120°=60°입니다.

6. 직선이 이루는 각의 크기는 180°이므로
㉠+㉡+㉢+㉣+사각형 내각의 합=180°×4=720°
㉠+㉡+㉢+㉣+360°=720°
㉠+㉡+㉢+㉣=360°, 따라서 (㉠+㉡+㉢+㉣)$\times\frac{1}{2}$=360°$\times\frac{1}{2}$=180°입니다.

2 12~13쪽

1. 244개
2. 1
3. 140분
4. 4학년 학생 수는 126명이며, 학생 수가 가장 많은 두 반의 학생수는 76명이다.
5. 400
6. ㉠

풀이

1. 달걀 한 판의 무게:
30+(30×2)=30+60=90 (g)
758÷90=8···38,
남은 무게 38 g에서 달걀판의 무게 30 g을 뺀 8 g은 달걀의 무게입니다. (38−30=8)
8÷2=4개이므로 8 g은 달걀 4개의 무게입니다.
그러므로 달걀의 개수는 8×30+4=240+4=244개입니다.

2. 나누는 수가 28이므로 나머지는 0~27까지의 수 중 하나입니다. □ 안에 0부터 차례로 넣으면
604÷28=21···16
614÷28=21···26
624÷28=22···8

그러므로 □ 안에 들어갈 수는 0, 1입니다. 합을 구하면 $0+1=1$입니다.

3. 거울은 원래 모양의 오른쪽과 왼쪽이 바뀌게 됩니다. 그러므로 시계를 오른쪽이나 왼쪽으로 뒤집기를 하면 4시 40분입니다.
7시가 되려면 7−4시 40분=2시 20분이므로 140분을 더 기다려야 합니다.

4. 1반은 36명, 2반은 20명, 3반은 30명, 4반은 40명입니다.
(4학년 학생수)$=36+20+30+40=126$(명)
(학생수가 가장 많은 두 반(1반, 4반)의 학생수)
$=36+40=76$(명)

5. 계산식을 살펴보면
(2부터 시작하는 연속하는 짝수의 합)
=(짝수의 개수)×(짝수의 개수+1)의 규칙을 찾을 수 있습니다.
그러므로 10~40까지 짝수의 합
=(2부터 40까지 짝수의 합)−(2부터 8까지 짝수의 합)$=20\times21-4\times5=420-20=400$입니다.

6. 도형을 왼쪽으로 밀어도 도형은 변하지 않고, 도형을 오른쪽으로 6번 뒤집은 도형은 처음 도형과 같습니다. 그러므로 처음 도형을 아래쪽으로 뒤집은 도형인 ㉠입니다.

3 (14~15쪽)

1. ㉠=12, ㉡=20, ㉢=30, ㉣=12
2. $11\times1111111=12222221$
3. 64개
4. 미정 40개, 현미 36개, 호철이 20개, 준혁이 30개
5. $\frac{2}{9}+\frac{3}{9}=\frac{5}{9}$
6. 11

풀이

1. 수의 배열을 살펴보면 양 끝의 수는 2이고, 바로 윗줄의 이웃하는 두 수의 합을 아랫줄의 가운데에 쓰는 규칙을 찾을 수 있습니다.
그러므로 ㉠=12, ㉡=20, ㉢=30, ㉣=12입니다.

2. 계산식을 살펴보면 곱해지는 수는 11이고, 곱하는 수가 1이 1개씩 늘어나면 곱의 2가 1개씩 늘어나는 것을 알 수 있습니다.
그러므로 여섯째 계산식은 $11\times1111111=12222221$입니다.

3. 가장 작은 삼각형의 수를 보면 1, 3, 5, 7, 9, 11, 13, 15개씩 늘어납니다.
그러므로 여덟째에 알맞은 도형은
$1+3+5+7+9+11+13+15=64$(개)입니다.

4. 1은 36개, 2는 20개, 3은 30개, 4는 40개의 칭찬스티커를 받았습니다. 가장 많이 받은 4는 미정이이고, 그다음 많은 1은 현미입니다. 4의 절반만큼인 20개인 2는 호철이이고, 2보다 10개 많은 30개인 3은 준혁이입니다.
그러므로 미정 40개, 현미 36개, 호철이 20개, 준혁이 30개입니다.

5. 분모가 같으므로 카드가 두 개인 9가 분모가 됩니다. 작게 하려면 분자 부분에 작은 수부터 놓습니다.
그러므로 크기가 가장 작고, 두 번째로 작은 진분수는 $\frac{2}{9}$, $\frac{3}{9}$입니다.
만들 수 있는 덧셈식은 $\frac{2}{9}+\frac{3}{9}=\frac{5}{9}$입니다.

6. $5\frac{4}{\square}+2\frac{10}{\square}=8\frac{3}{\square}$, $7\frac{14}{\square}=8\frac{3}{\square}$, $7\frac{14}{\square}=7\frac{\square+3}{\square}$
$14=\square+3$, $\square=11$입니다.

4 (16~17쪽)

1. 91개
2. 50°
3. 10°, 11°, 12°, 13°, 14°
4. 30°, 이등변, 둔각
5. 2.358
6. 합: 9.83, 차:0.07

풀이

1. 전체를 1로 보았을 때 남은 땅콩은
$1-\frac{4}{13}-\frac{6}{13}=\frac{13}{13}-\frac{10}{13}=\frac{3}{13}$
$\frac{3}{13}$이 21개이므로,
전체$\times\frac{3}{13}=21$
전체$\times3=21\times13=273$

전체=91개

2. 삼각형 ㄱㄴㄹ이 이등변 삼각형이므로
각 ㄴㄱㄹ= 각 ㄱㄴㄹ= $40°$,
각 ㄱㄹㄴ$=180-40-40=100°$,
각 ㄴㄹㄷ= $80°$
각 ㄹㄴㄷ= 각 ㄹㄷㄴ= $50°$

3. 삼각형 세 각의 크기의 합은 $180°$이므로 두 각의 합은 $180°-75°=105°$입니다.
둔각삼각형이므로 한 각은 $90°$보다 커야 하므로, 나머지 각은 $105°-90°=15°$로 $15°$보다 작아야 합니다.
$10°\sim60°$ 중 $15°$보다 작은 것은 $10°$, $11°$, $12°$, $13°$, $14°$입니다.

4. 삼각형 ㄱㄴㄷ은 정삼각형이므로 각 ㄱㄴㄷ은 $60°$이고, 각 ㄱㄴㄹ은 $120°$입니다. 각 ㄹㄱㄴ은 $30°$로 두 각의 크기가 같으므로 삼각형 ㄱㄴㄹ은 변의 길이에 따라 분류하면 이등변 삼각형입니다. 각 ㄱㄴㄹ이 $120°$이므로 각의 크기에 따라 분류하면 둔각 삼각형입니다.

5. 십의 자리 숫자가 2, 일의 자리 숫자가 3인 수는 23이고, 소수 첫째 자리 숫자가 5, 소수 둘째 자리 숫자가 8인 수는 0.58입니다.
그러므로 보기에 제시한 수는 23.58입니다.
23.58의 $\frac{1}{10}$은 2.358입니다.

6. ㉠: $4+0.7+0.18=4.88$,
㉡: $3+1.9+0.05=4.95$
따라서 ㉠+㉡$=4.88+4.95=9.83$,
㉡−㉠$=4.95-4.88=0.07$입니다.

5 18~19쪽

1. 24.32 m　　2. 21 cm
3. 105°
4. 예 필요없는 부분을 물결선으로 줄여서 나타내고, 세로 눈금 한 칸의 크기를 작게 잡는다.
5. 110°　　6. 615000원

풀이

1. (길이가 6.24 m인 끈 3개와 길이가 2.05 m인 끈 3개의 길이)
$=6.24+6.24+6.24+2.05+2.05+2.05$
$=24.87$ (m)
겹친 부분의 길이는 11 cm=0.11 m이고, 5군데이므로
$0.11+0.11+0.11+0.11+0.11=0.55$ (m)
따라서 전체 끈의 길이는
$24.87-0.55=24.32$ (m)

2. 삼각형 ㄴㄱㄷ는 이등변 삼각형이므로
각 ㄱㄴㄷ=각 ㄱㄷㄴ$=60°$
따라서 삼각형 ㄱㄴㄷ은 정삼각형이므로
변 ㄴㄷ=7 (cm)입니다.
삼각형 ㄱㄴㄷ의 세 변의 길이의 합은
$7+7+7=21$ (cm)입니다.

3. 변 ㄱㄷ과 변 ㄴㄹ에 수직인 선분을 그었을 때 만들어지는 사각형에서 사각형 내각의 합은 $360°$ 이므로

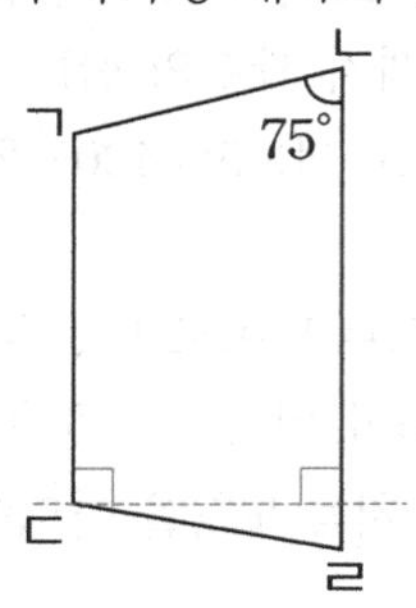

$75°+90°+90°+$각 ㄴㄱㄷ$=360°$,
각 ㄴㄱㄷ$=360°-255°=105°$입니다.

4. 꺾은선그래프를 그릴 때에는 세로 눈금 한 칸의 크기를 작게 잡기 위해서 필요없는 부분을 물결선으로 줄여서 나타내고, 세로 눈금 한 칸의 크기를 작게 잡아야 합니다.

5. 접힌 부분의 각의 크기가 같으므로
각 ㄴㅅㄷ=각 ㄷㅅㅂ$=35°$,
각 ㅁ=각 ㅂ$=90°$
사각형 ㅁㄷㅅㅂ에서
$90°+90°+35°+$각 ㅁㄷㅅ$=360°$,
각 ㅁㄷㅅ$=145°$
직선을 이루는 각은 $180°$ 이므로
각 ㄹㄷㅅ$=180°-145°=35°$

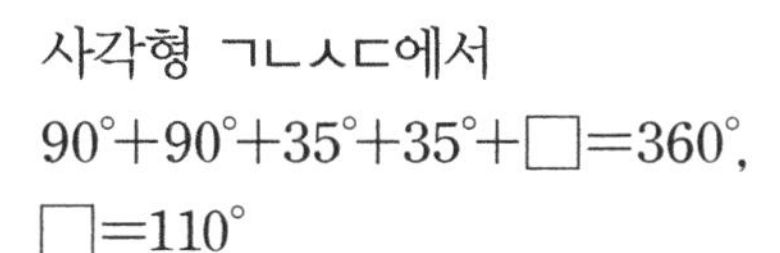

사각형 ㄱㄴㅅㄷ에서

$90°+90°+35°+35°+\square=360°$,

$\square=110°$

6. 7일: 70 박스, 14일: 100 박스, 21일: 80 박스, 28일: 110 박스, 35일: 50 박스

전체 판매량(박스):

$70+100+80+110+50=410$

박스 판매 금액: $410\times1500=615000$(원)

20~21쪽

1. 정육각형은 삼각형 4개로 나눌 수 있다. 삼각형의 세 각의 크기의 합은 180°이므로 정육각형의 모든 각의 크기의 합은 $180°\times4=720°$이다.
정육각형은 6개의 각의 크기가 모두 같으므로 정육각형 한 각의 크기는 $720°\div6=120°$이다.
2. 난방기 '가'를 1시간 틀었을 때의 변화는 32℃이고 난방기 '나'를 1시간 틀었을 때의 변화는 64℃이다.
3. 42 cm　　4. 30 cm
5. 나 저금통, 440원
6. 어떤 수: 686, 바르게 계산한 값: 58

풀이

1. 정육각형은 삼각형 4개로 나눌 수 있습니다. 삼각형의 세 각의 크기의 합은 180° 이므로 정육각형의 모든 각의 크기의 합은 $180°\times4=720°$입니다.
정육각형은 6개의 각의 크기가 모두 같으므로 정육각형 한 각의 크기는 $720°\div6=120°$입니다.

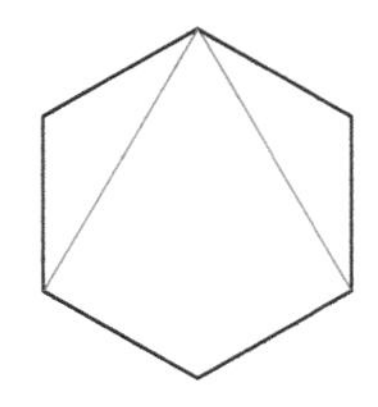

2. 세로 눈금 5칸이 20℃이므로 세로 눈금 1칸=4℃이고, 시간당 온도 변화를 살펴보면
15분 8℃, 30분 16℃ → 15분간 8℃가 늘어납니다. (난방기 '가'만 틀었을 때)
45분 40℃, 60분 64℃ → 15분간 24℃가 늘어납니다. (난방기를 둘 다 동시에 틀었을 때)
(난방기 '나'의 변화)는 15분간 24℃−8℃=16℃ 가 늘어납니다.
따라서 (난방기 '가'를 1시간 틀었을 때의 변화)는 15분간 8℃가 변하였으므로 8℃×4=32℃
(난방기 '나'를 1시간 틀었을 때의 변화)는 15분간 16℃가 변하였으므로 16℃×4=64℃

3.

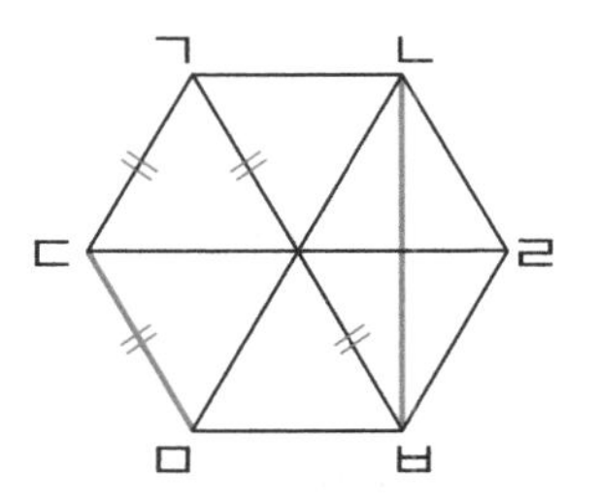

정육각형에는 선분 ㄱㅂ과 같은 대각선을 3개, 선분 ㄴㅂ과 같은 대각선을 6개 그을 수 있습니다.
정삼각형으로 만들었으므로
정육각형 한 변의 길이(선분 ㄷㅁ)×2=(선분 ㄱㅂ)
따라서 (모든 대각선의 길이의 합)
=(선분 ㄷㅁ+선분 ㄷㅁ+선분 ㄷㅁ
+선분 ㄷㅁ+선분 ㄷㅁ+선분 ㄷㅁ
+선분 ㄴㅂ+선분 ㄴㅂ+선분 ㄴㅂ
+선분 ㄴㅂ+선분 ㄴㅂ+선분 ㄴㅂ)
=(선분 ㄷㅁ+선분 ㄴㅂ)
+(선분 ㄷㅁ+선분 ㄴㅂ)
+(선분 ㄷㅁ+선분 ㄴㅂ)
+(선분 ㄷㅁ+선분 ㄴㅂ)
+(선분 ㄷㅁ+선분 ㄴㅂ)
+(선분 ㄷㅁ+선분 ㄴㅂ)
=7+7+7+7+7+7=42 (cm)입니다.

4. 3가지 모양 조각으로 정육각형으로 만들면 한 변의 길이가 15 cm입니다. 정육각형에서 가장 긴 대각선은 정육각형의 한 변의 길이의 2배이므로 가장 긴 대각선의 길이와 (한 변의 길이)×2는 같습니다.
그러므로 $15\times2=30$ (cm)입니다.

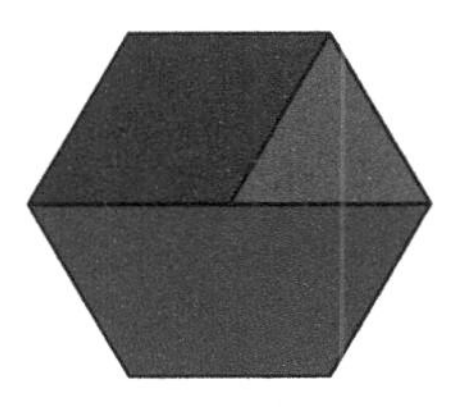

5. 가 저금통의 저금액: $3\times7\times250=5250$(원)
나 저금통의 저금액:
$(2\times600+5\times800)\times4=5200\times4=20800$(원)
다 저금통의 저금액: $5250\times3-640=15110$(원)

그러므로 가장 금액이 많은 저금통은 나 저금통입니다.
(나머지 저금통 가, 다의 합)은
5250+15110=20360원이므로
20800−(5250+15110)=20800−20360
=440(원)입니다.

6. 어떤 수를 □라고 하였을 때,
□×14−9=9595입니다.
□×14=9604,
□=9604÷14=686입니다.
바르게 계산하면,
686÷14+9=49+9=58입니다.

22~23쪽

1. 9 cm **2.** 45, 65
3. 8번째 배수: 128, 15번째 배수: 240
4. 오전 10시 12분
5. 예 (4+6)×8÷1−3=77,
(4+6)×8−3÷1=77,
8×(4+6)÷1−3=77,
8×(4+6)−3÷1=77
6. 4월 6일 오후 9시

풀이

1. 먼저 변 ㄱㄴ과 변 ㄴㄷ의 길이의 합을 구합니다.
평행사변형에서 마주 보는 변의 길이가 같으므로 변 ㄱㄴ과 변 ㄴㄷ의 길이의 합은 44÷2=22 (cm)입니다.
이번에는 변 ㄱㄴ의 길이를 구합니다. 변 ㄱㄴ과 변 ㄴㄷ의 길이의 합은 22 cm이고, 차는 4 cm이므로 변 ㄱㄴ의 길이는 9 cm, 변 ㄴㄷ의 길이는 13 cm입니다.
따라서 변 ㄷㄹ의 길이는 변 ㄱㄴ의 길이와 같으므로 9 cm입니다.

2. 최소공배수=(최대공약수)×(남은 수)이므로
585=5×(남은 수), (남은 수)=117입니다.
최대공약수를 구하고 남은 두 수의 곱은 117이고, 공약수는 1뿐이므로 남은 두 수는 (1, 117) 또는 (9, 13)이 될 수 있습니다.
그러므로 두 수는 (1×5, 117×5) 또는 (9×5, 13×5)로 (5, 585), (45, 65)가 될 수 있습니다.
두 수의 합은 5+585=590, 45+65=110입니다.
두 수의 합이 110이므로 알맞은 두 수는 (45, 65)입니다.

3. 어떤 수의 배수는 작은 수부터 차례로 어떤 수만큼 수가 커집니다. 그러므로 9째 배수와 11째 배수의 차는 어떤 수의 2배입니다. 32÷2=16이므로 어떤 수는 16입니다.
16의 8째 배수는 16×8=128이고, 16의 15째 배수는 16×15=240입니다.

4. '도, 레, 미가 동시에 소리가 나려면 8, 16, 12의 최소공배수의 간격이므로 48초마다 동시에 소리가 납니다.
따라서 오전 10시 이후 15번째로 소리가 동시에 나는 시각은 48×15=720(초)입니다. 720÷60=12분입니다. 그러므로 오전 10시 12분입니다.

5. 계산 결과가 가장 큰 자연수를 만들기 위해서는 곱하는 수가 가장 크고, 그 다음 큰 수로 더하기를 하고, 가장 작은 수로 ÷를 해야 합니다.
그러므로 1, 3, 4, 6, 8을 이용해서 값이 가장 큰 자연수를 만들기 위해서는
(4+6)×8−3÷1=77이 됩니다. 또는
(4+6)×8−3÷1=77,
8×(4+6)−3÷1=77,
8×(4+6)−3÷1=77도 만들 수 있습니다.

6. 오전 9시에서 오후 5시가 되려면 8시간이 걸립니다.
침실에 있는 시계는 거실에 있는 시계보다 8시간 느립니다.
그러므로
4월 7일 오전 5시−8시간
=4월 7일 오전 5시−5시간−3시간
=4월 6일 밤 12시−3시간
=4월 6일 오후 9시입니다.

8 24~25쪽

1. 2304 kg
2. $\frac{1}{4}$ $\frac{5}{20}$, $\frac{2}{4}$ $\frac{10}{20}$, $\frac{3}{4}$ $\frac{15}{20}$
3. $\frac{49}{63}$
4. 4
5. $1\frac{83}{90}$ m
6. $1\frac{38}{40}$

풀이

1. 재활용품 수거장이 9곳이므로 9개로 하여 늘어나는 재활용품과의 관계를 표로 나타내 보면 다음과 같습니다.

시간 (분)	0	5	10	15	20	25	30	35	40
재활용품 (kg)	9	18	36	72	144	288	576	1152	2304

그러므로 40분 뒤에 모은 재활용품은 2304 kg입니다.

2. 크기가 같고 진분수이므로
4>△, 20>○입니다.
$\frac{△\times5}{4\times5}=\frac{○}{20}$, △×5=○입니다.
○는 5의 배수이고, 20보다 작은 수입니다.
○로 가능한 수는 5, 10, 15이고, 이때 △는 각각 1, 2, 3입니다.
따라서 완성할 수 있는 경우는 $\frac{1}{4}$ $\frac{5}{20}$, $\frac{2}{4}$ $\frac{10}{20}$, $\frac{3}{4}$ $\frac{15}{20}$입니다.

3. 분모와 분자의 최대공약수가 ★일 경우, 최소공배수를 구하면 ★×7×9=441입니다.
★×63=441, ★=7입니다.
따라서 최대공약수가 7인 기약분수 $\frac{7}{9}$은
$\frac{7\times7}{9\times7}=\frac{49}{63}$입니다.

4. 세 분수에서 알 수 있는 것이 분자이므로 분자 2, 6, 8의 최소공배수를 구합니다. 최소공배수는 24이므로 분자를 24로 같게 하면
$\frac{24}{\square\times12}<\frac{24}{10\times4}<\frac{24}{11\times3}$
$=\frac{24}{\square\times12}<\frac{24}{40}<\frac{24}{33}$
분자가 같을 경우 분모가 작을수록 큰수이므로
$(\square\times12)>40$, $\square>3\frac{1}{3}$입니다.
□는 3보다 큰 자연수로 4, 5, 6, 7, 8……이며 가장 작은 자연수는 4입니다.

5. 그림 속 겹쳐진 부분의 길이는 (전체 종이끈의 길이) −1입니다. 3개의 종이끈을 겹쳤으므로 겹쳐진 부분은 2군데입니다.
(종이끈 3개의 길이의 합)−(겹쳐 붙인 전체 끈의 길이)=(겹쳐진 부분의 길이의 합)입니다.
(종이끈 3개의 길이의 합)$=2\frac{4}{5}+2\frac{4}{5}+2\frac{4}{5}$
$=6\frac{12}{5}=8\frac{2}{5}$
(겹쳐 붙인 전체 끈의 길이)$=4\frac{5}{9}$
따라서 (겹쳐진 부분의 길이의 합)
$=8\frac{2}{5}-4\frac{5}{9}=8\frac{18}{45}-4\frac{25}{45}=3\frac{38}{45}$입니다.
겹쳐진 부분은 두 군데이므로
$3\frac{38}{45}\times\frac{1}{2}=\frac{173}{90}=1\frac{83}{90}$
겹친 길이는 $1\frac{83}{90}$ m입니다.

6. (전체의 무게)−(소금 절반을 뺀 나머지 무게) =(소금 절반의 무게)입니다.
$6\frac{4}{5}-4\frac{3}{8}=6\frac{4\times8}{5\times8}-4\frac{3\times5}{8\times5}$
$=6\frac{32}{40}-4\frac{15}{40}$
$=2\frac{17}{40}$
(소금 전체의 무게)$=2\frac{17}{40}\times2=4\frac{34}{40}$
(전체의 무게)−(소금 전체의 무게)=(상자의 무게)
$6\frac{4}{5}-4\frac{34}{40}=6\frac{4\times8}{5\times8}-4\frac{34}{40}$
$=5\frac{72}{40}-4\frac{34}{40}$
$=1\frac{38}{40}$
입니다.

9

26~27쪽

1. 110 cm
2. 62 cm^2
3. 12 cm
4. 14 cm
5. 271명 이상 315명 이하
6. 11 cm 미만, 14 cm 이상

풀이

1. 첫째 도형은 가로가 16 cm, 세로가 12 cm인 직사각형과 둘레가 같습니다.
둘째 도형은 가로가 13 cm, 세로가 14 cm인 직사각형과 둘레가 같습니다.
그러므로 첫째 도형의 둘레는 $(16+12)\times2=56$ (cm)
둘째 도형의 둘레는 $(13+14)\times2=54$ (cm)입니다.
둘레의 합은 $56+54=110$ (cm)입니다.

2. 정사각형을 3개를 이어 붙인 도형이므로,
(색칠한 부분)=(정사각형 3개의 넓이를 합한 값)
−(색칠하지 않은 삼각형의 넓이)
따라서
$(8\times8)+(4\times4)+(6\times6)-(8+4+6)\times6\div2$
$=64+16+36-54$
$=62$ (cm^2)입니다.

3. 밑변의 길이가 15 cm, 높이가 8 cm인 평행사변형이므로 (넓이)$=15\times8=120$ (cm^2)입니다.
선분 ㄱㅇ은 밑변의 길이가 10 cm인 평행사변형의 높이이므로
$10\times$(선분 ㄱㅇ)$=120$, 따라서 (선분 ㄱㅇ)$=12$ (cm)입니다.

4. 사다리꼴 ㄱㄴㄷㄹ의 넓이는
$(14+23)\times$(높이)$\div2=481$이므로 (높이)$=26$ (cm),
따라서 변 ㄷㄹ의 길이는 26 cm이고, 선분 ㅂㄹ이 12 cm이므로 사다리꼴 ㄱㅁㄷㅂ의 높이인 변 ㄷㅂ의 길이는 $26-12=14$ (cm)입니다.

5. 버스 6대에 모두 타고, 7번째 버스에 한 명이 탔다면 $6\times45+1=271$이므로 271명 이상이고, 버스 7대에 모두 탔다면 $7\times45=315$이므로 315명 이하입니다.
그러므로 사랑초등학교 학생들은 271명 이상 315명 이하입니다.

6. 둘레가 55 cm인 정오각형의 한 변의 길이는 $55\div5=11$ (cm)이고, 둘레가 70 cm인 정오각형의 한 변의 길이는 $70\div5=14$ (cm)입니다.
그러므로 정오각형의 한 변의 길이가 될 수 없는 수의 범위는 11 cm 미만, 14 cm 이상입니다.

10

28~29쪽

1. 9531, 9600, 9530
2. 751, 752, 753, 754
3. $2\frac{1}{4}$배
4. 90쪽
5. $\frac{1}{4}$
6. $\frac{22}{25}$

풀이

1. 만들 수 있는 가장 큰 네 자리 수는 9531입니다.
9531을 올림하여 백의 자리까지 나타내면 9600입니다.
9531을 버림하여 십의 자리까지 나타내면 9530입니다.

2. 버림하여 십의 자리까지 나타내면 750이 되는 자연수는 750, 751, 752 …… 759입니다. 반올림하여 십의 자리까지 나타내면 750이 되는 자연수는 745, 746, 747, 748, 749, 750, 751, 752, 753, 754입니다.
올림하여 십의 자리까지 나타내면 760이 되는 자연수는 751, 752, 753 …… 760입니다.
따라서 세 조건을 모두 만족하는 세 자리 수는 751, 752, 753, 754입니다.

3. 정사각형의 밭의 한 변의 길이를 1이라고 하였을 때, 처음 밭의 넓이는 $1\times1=1$입니다.
새로 만든 밭의 넓이는
$\left(1-\frac{1}{4}\right)\times(1\times3)=\frac{3}{4}\times3=\frac{9}{4}=2\frac{1}{4}$
따라서 새로 만든 밭의 넓이는 처음 밭의 넓이의 $2\frac{1}{4}$배입니다.

4. 전체를 1이라고 하면, 어제 사용하고 난 나머지는
$1-\frac{4}{9}=\frac{5}{9}$입니다.

오늘 사용하고 난 나머지는

$\frac{5}{9}\times\left(1-\frac{2}{5}\right)=\frac{5}{9}\times\frac{3}{5}=\frac{15}{45}=\frac{1}{3}$이고,

30쪽이 $\frac{1}{3}$이므로 공책의 전체 쪽수는

$30\times3=90$쪽입니다.

5. 이웃집 동생에게 준 장난감은 전체 장난감의

$1-\frac{3}{8}=\frac{5}{8}$입니다.

서준이가 알뜰 시장에 낸 장난감은

$\frac{3}{8}\times\frac{1}{6}=\frac{1}{16}$입니다.

이웃집 동생이 알뜰 시장에 낸 장난감은

$\frac{5}{8}\times\frac{3}{10}=\frac{3}{16}$입니다.

따라서 서준이가 처음 가진 전체 장난감에서 알뜰 시장에 낸 장난감은

$\frac{1}{16}+\frac{3}{16}=\frac{4}{16}=\frac{1}{4}$입니다.

6. 제시된 분수를 보면 분모는 (순서+4)이고, 분자는 (분모−3)입니다.

그러므로 32째 수는

$\frac{(32+4)-3}{32+4}=\frac{33}{36}$입니다.

71째 수는 $\frac{(71+4)-3}{71+4}=\frac{72}{75}$입니다.

$\frac{33}{36}\times\frac{72}{75}=\frac{66}{75}=\frac{22}{25}$입니다.

Stage 2. 와이즈만 영재탐험 수학

1 위치가 중요한 숫자 32~39쪽

수학비밀 01 고대 마야 수

1. (예시 답안)
- 0의 기호를 사용했다.
- 1~4까지는 1의 기호의 나열로 되어 있다.
- 5를 나타낸 기호는 1~4까지의 기호와 다르고 10, 15는 5의 기호의 나열로 되어 있다.
- 20부터는 숫자가 위로 올라간다.

2. (예시 답안)
20부터 단위가 위로 올라가면서 바뀌고 있다.
$30=20+10$
$240=20\times12+0$
$400=400\times1+0+0$
⋮
마야 수 체계는 20의 단위씩 위로 올라가는 20진법을 사용하고 있다.

3. ① 280 ② 1614 ③ 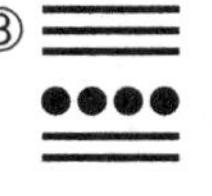 ④ 

4. 8691

수학비밀 02 고대 로마 숫자

1. (예시 답안)
- M이랑 I가 두 개씩 있으므로 둘 중 하나는 천의 자리인 것 같아요.
- IV는 4를 나타내는 걸 본 적이 있는데 끝에 적혀져 있는 것을 보니 큰 자리부터 적혀져 있는 것 같아요.
- M이 1000인 것 같으므로 열쇠의 뒷면도 2000을 나타내는 것 같아요.

2. 규칙
① 2배, 3배
② 큰 값에 작은 값을 더합니다.
③ 큰 값에서 작은 값을 뺍니다.

- 단위가 달라질 때마다 새로운 문자의 기호를 사용한다.
- XX=20, XXX=30
  → 연속된 글자는 글자 개수의 합으로 숫자를 표현함
- LX=50+10=60,
  CXVI=100+10+5+1=116
  → 작은 값을 나타내는 문자가 큰 값을 나타내는 문자의 오른쪽에 있을 때에는 큰 값에 작은 값을 더한다.
- XL=50−10=40,
  XCIV=(100−10)+(5−1)=94
  → 작은 값을 나타내는 문자가 큰 값을 나타내는 문자의 왼쪽에 있을 때에는 큰 값에서 작은 값을 뺀다.

3. ① XVIII ② MMCDXCIX ③ 161 ④ 546

4. (예시 답안)
873

풀이

수학비밀 01 고대 마야 수

3. ① 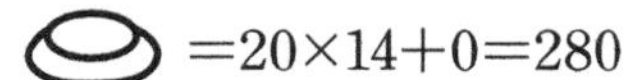 $=20\times14+0=280$

② $=400\times4+20\times0+14=1614$

③ $314=20\times15+14=$ 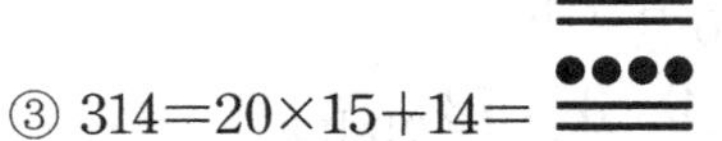

④ $1527=400\times3+20\times16+7=$ 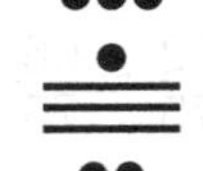

4. 열쇠의 앞면 : $400\times15+20\times14+0=6280$
열쇠의 앞면과 뒷면에 적힌 수의 합 :
$6280+2411=8691$

수학비밀 02 고대 로마 숫자

3. ① 18=10+8=XVIII (IIXX는 오답임)
② 2499=2000+400+90+9=MMCDXCIX
③ CLXI=100+50+10+1=161
④ DXLVI=500+(50−10)+5+1=546

4. 열쇠의 뒷면 :
$1000+(1000-100)+50+20+(5-1)=1974$
열쇠의 앞면과 뒷면에 적힌 수의 차 :
$2847-1974=873$

② 평행선과 각 40~43쪽

수학비밀 03 평행선의 성질 탐구

1. 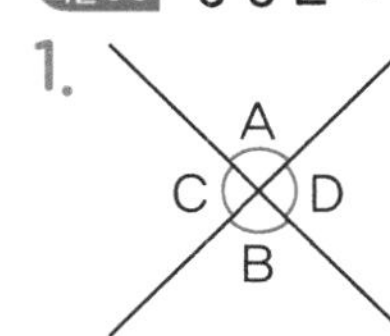

(각 A)+(각 C)=180°
(각 B)+(각 C)=180°
(각 A)+(각 C)=(각 B)+(각 C)=180°
(각 A)=(각 B)

2. 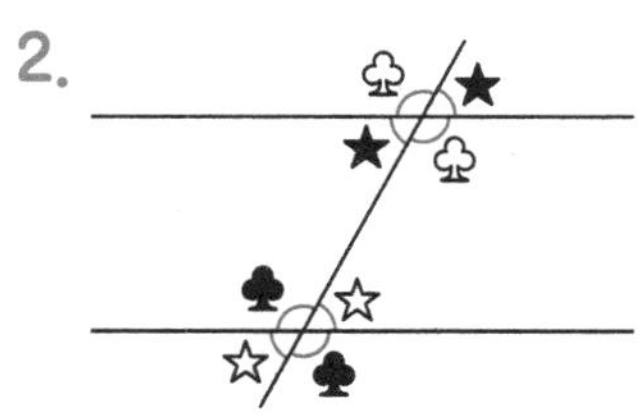

3.

A
B
C

맞꼭지각의 성질에 의해 (각 B)=(각 C)
동위각의 성질에 의해 (각 A)=(각 C)
(각 A)=(각 C)=(각 B)
따라서 (각 A)=(각 B)

수학비밀 04 평행선상의 각

1. 110°
2. 40°

풀이

수학비밀 04 평행선상의 각

1. 직선 가, 나와 평행한 직선 다를 긋는다. 엇각의 성질을 이용하여 각의 크기를 구하면
(각 A)=65°+45°=110°이다.

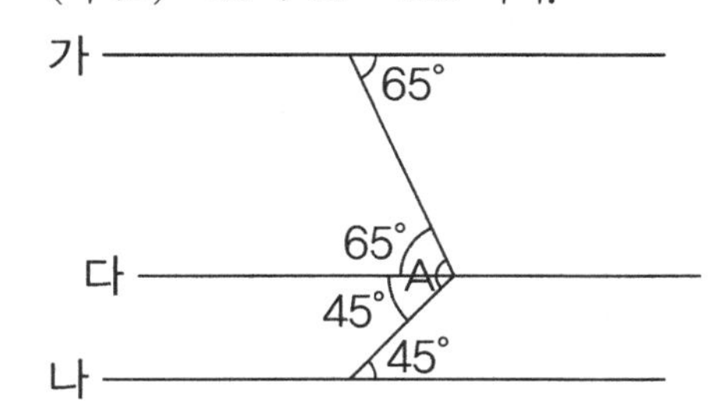

2. 각 ○의 크기는 90°−25°=65°이다. 평행선의 엇각의 성질을 이용하면 각 ★의 크기는 25°이다. 각 ○의 크기는 각 ★의 크기와 각 ♧의 크기를 합한 것과 같으므로 (각 A)=65°−25°=40°이다.

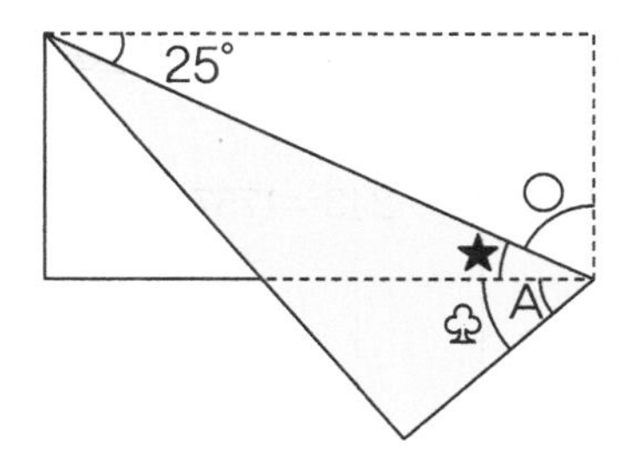

③ 순서에 맞는 계산 44~51쪽

수학비밀 05 혼합 계산의 순서

1. (1) 240
(2) 175
(3) 계산 결과가 다르다.
3학년은 65명이고 4학년은 55명이다. 또한 3학년은 한 사람당 지우개가 1개씩 필요하고, 4학년은 한 사람당 지우개가 2개씩 필요하다. 따라서 55×2를 먼저 계산하고 65를 더하는 것이 옳은 계산이다.

2. (1) 37
(2) 237
(3) 계산 결과가 다르다.
덧셈과 곱셈이 섞여 있는 식에서는 곱셈을 먼저 계산한다. 그리고 뺄셈과 나눗셈이 섞여 있는 식에서는 나눗셈을 먼저 계산한다.

3. (1) 15×5+450÷9−43=82
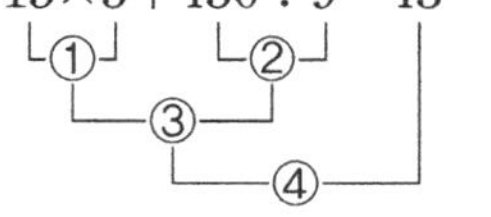

(2) 720÷8+14×7−52=136
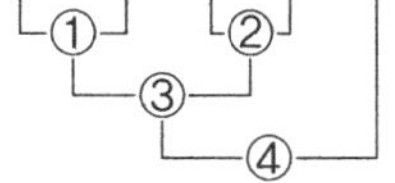

설명의 창

1. 곱셈 2. 나눗셈
3. 곱셈, 나눗셈, 덧셈, 뺄셈

4. (1) (6×12−15×2)÷3
(2) (6×12−15×2)÷3=14
①
②
③
④

14자루
식을 6×12−15×2÷3로 만들면 앞서 배운 혼합 계산 순서에 따라 답이 62가 되고, 남은 연필의 개수를 3으로 나누려고 했던 계산 순서와 맞지 않는다. 이럴 경우 괄호를 이용하여 (6×12−15×2)÷3으로 만들어 괄호 안의 값을 먼저 구하

고 난 뒤에 3으로 나누어 값을 구할 수 있도록 한다.

5. (1) $10\times\{(25+30)\div11+195\}-243=1757$

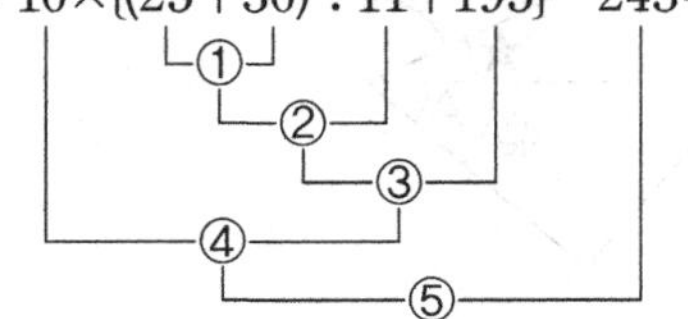

(2) $90+[25\times\{(630-330)\div6-43\}\div7]-85=30$

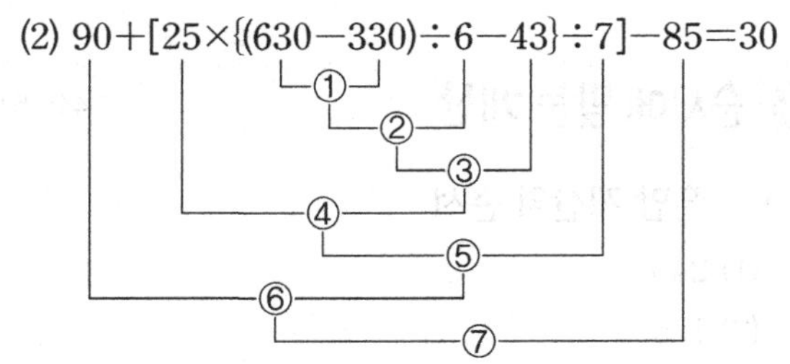

설명의 창

괄호

6. (1) $(17+5)\times3-12\times4=18$

(2) $240\div(5\times12)\times4+35=51$

(3) $120-36\times(3+8)\div4=21$

(4) $45-(9\times3+35\div7)=13$

수학비밀 06 혼합 계산의 활용

1. (예시 답안)

(1) $(5+5)\div(5+5)=1$, $5\div5+5-5=1$, $5\times5\div5\div5=1$

(2) $5\div5+5\div5=2$

(3) $(5+5+5)\div5=3$

(4) $(5\times5-5)\div5=4$

(5) $(5-5)\times5+5=5$

2. (예시 답안)

(1) $(4+4)\div(4+4)=1$, $4\div4+(4-4)=1$, $4\times4\div4\div4=1$

(2) $4\div4+4\div4=2$

(3) $(4+4+4)\div4=3$

(4) $(4-4)\times4+4=4$

(5) $(4\times4+4)\div4=5$

4 신기한 연산 방법 52~61쪽

수학비밀 07 가우스의 방법

1. (1) $1+2+3+4+5+6+7+8+9$의 값은 가로 10, 세로 9인 직사각형을 이루고 있는 바둑돌의 전체 개수를 반으로 나눈 값과 같다.
따라서 $1+2+3+4+5+6+7+8+9=10\times9\div2=45$이다.

(2) $1+9$, $2+8$처럼 첫 번째 수와 마지막 수, 두 번째 수와 마지막에서 두 번째 수의 합이 일정하므로, 일정한 값에 식을 이루고 있는 수의 개수를 곱하고 2로 나누어 $1+2+3+4+5+6+7+8+9$의 값을 구할 수 있다.

(3) 2100

2. (1) 1275

(2) 92

(3) 마지막 수, 식을 이루고 있는 수의 개수, 2

가우스의 방법으로 구할 수 없다. 첫 번째 수와 마지막 수 등으로 둘씩 짝을 지을 때 같은 값을 갖지 않기 때문에 가우스의 방법을 이용할 수 없다.

가우스의 방법으로 합을 구하려면 식을 이루고 있는 수들이 일정한 간격을 갖는 수들이어야 한다.

수학비밀 08 그림으로 합 구하기

1. (1)

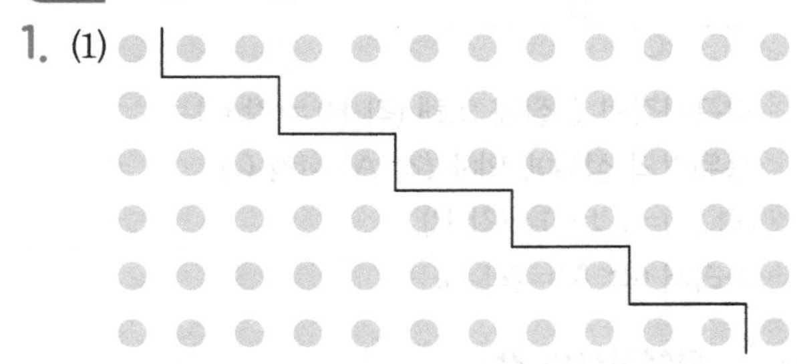

$1+3+5+7+9+11=(1+11)\times6\div2=36$

(2)

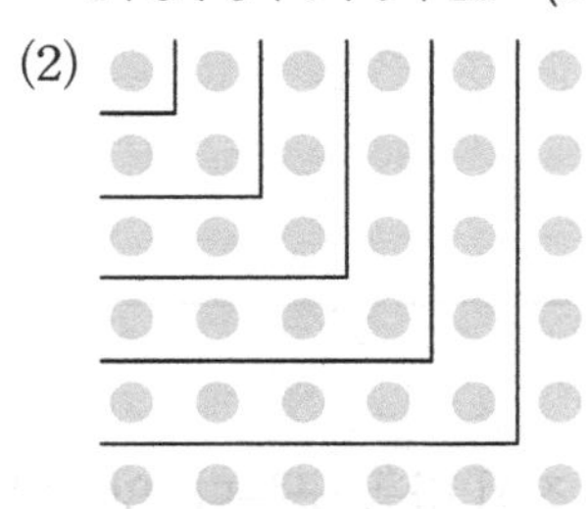

$1+3+5+7+9+11=6\times6=36$

2. (1)의 방법 : $(1+11)\times6\div2=36$

(2)의 방법 : $6\times6=36$

• 공통점과 차이점 : 풀이 참조

3.

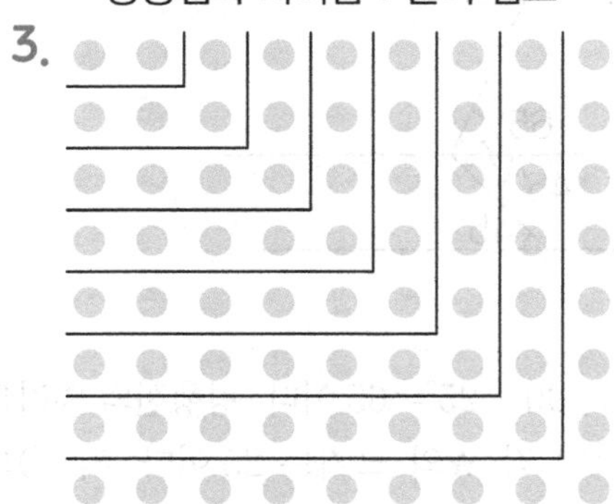

$2+4+6+8+10+12+14+16=8\times9=72$

가우스의 방법을 이용하면 $2+4+6+8+10+12+14+16=(2+16)\times8\div2=72$

수학비밀 09 더 빠르게, 더 쉽게

2250, 1651

1. (1) 1, 673　　(2) 100, 301
   (3) 1, 548　　(4) 100, 3, 828
2. (1) 2250　　(2) 1651
3. $100+800+500+300-3-2-8-5=1682$

수학비밀 10 신기한 연산 방법

1. (1) 계산한 결과의 일의 자리 숫자는 항상 1이고 십의 자리 숫자는 곱하는 두 자리 수의 십의 자리 숫자의 합, 천, 백의 자리의 숫자는 곱하는 두 자리 수의 십의 자리 숫자의 곱이다.
   (2) ① 1581　② 1281　③ 2911
   십의 자리 숫자의 합이 10 이상일 경우는 백의 자리로 받아올림하여 계산한다.
2. (1) ① 9021　② 2024
   (2) $5\times(5+1)$, 7×3
   (3) ① 1225　② 5616

풀이

수학비밀 07 가우스의 방법

1. (3)

$$\begin{array}{rrrrrrr} & 200 & + & 190 & + & \cdots\cdots & + & 10 \\ + & 10 & + & 20 & + & \cdots\cdots & + & 200 \\ \hline & 210 & + & 210 & + & \cdots\cdots & + & 210 \end{array}$$

→ $210\times20\div2=2100$(권)

2. (1) $(1+50)\times50\div2=1275$
   (2) $(1+22)\times8\div2=92$

수학비밀 08 그림으로 합 구하기

2. • 공통점: $1+3+5+7+9+11$을 그림을 이용하여 나타내었습니다.
   • 차이점: (1)의 방법은 직사각형 모양의 점의 배열을 $1+3+5+7+9+11$ 그림 2개로 나누어 (전체 점의 개수)÷2를 하였고, (2)의 방법은 정사각형 모양의 점의 배열을 $1+3+5+7+9+11$ 그림 1개로 나타내어 전체 점의 개수를 구했습니다.

수학비밀 09 더 빠르게, 더 쉽게

2. (1) $1251+999=1251+1000-1=2251-1=2250$
   (2) $1750-99=1750-100+1=1651$

5 문제 해결의 과정　62~69쪽

수학비밀 11 정보 분석하기

1. (1) 보람이가 사야 할 띠벽지의 개수
   (2) (예시 답안)

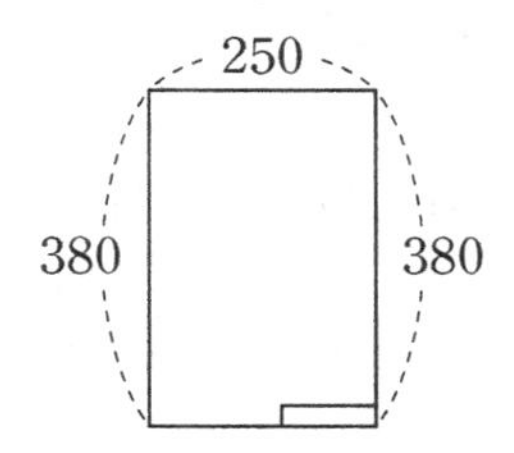

   (3) $380+380+250=1010$ (cm)
   따라서 보람이는 11개의 띠벽지를 사야 한다.
2. (1) 정우가 일어나야 하는 시간
   (2) (예시 답안)
   • 등교 : 8시 30분
   • 밥 : 25분
   • 씻고 옷 : 35분
   • 걸 : 15분
   • 5분 일찍 도착
   (3) 8시 30분−(25분+35분+15분+5분)
   =7시 10분
   따라서 정우는 7시 10분에 일어나야 한다.

수학비밀 12 정보는 충분한가 부족한가

1. (1) 부족하다.
   (2) 월요일부터 금요일까지 벌어들인 돈에 대한 정보가 필요하다.
2. (1) 토요일에 팔린 전체 표의 수(9500장), 토요일에 팔린 유아 표의 수(3200장)와 성인 표의 수(4100장)
   (2) 충분하다.
   (3) (토요일에 팔린 청소년 표의 수)=(토요일에 팔린 전체 표의 수)−(토요일에 팔린 유아 표의 수)−(토요일에 팔린 성인 표의 수)
   (토요일에 팔린 청소년 표의 수)=9500−3200−4100=2200(표)

수학비밀 13 문제 해결의 과정

1. [문제 이해]
   • 구하려고 하는 것 : 현아가 금요일에 달린 거리
   • 주어진 정보 : 토요일=금요일×2,
   일요일=토요일−700 m,
   월요일=일요일+600 m,
   월요일=2 km 400 m
   [실행하기]

- 일요일에 달린 거리 :
  2 km 400 m−600 m=1 km 800 m
- 토요일에 달린 거리 :
  1 km 800 m+700 m=2 km 500 m
- 금요일에 달린 거리 :
  2 km 500 m÷2=1 km 250 m

[반성]
금요일에 달린 거리가 1 km 250 m일 때, 토요일에 달린 거리는 2 km 500 m이고, 일요일에 달린 거리는 1 km 800 m, 월요일에 달린 거리는 2 km 400 m로 주어진 정보와 맞다.

마지막 결과가 분명하고 문제의 처음 일부가 불분명한 경우 거꾸로 풀기 전략을 사용하는 것이 좋다.

2. [문제 이해]
- 구하려고 하는 것 : 여섯 명이 내야 할 총 비용
- 주어진 정보 : 여섯 명, 셔틀 버스 이용, 주간권으로 하루 종일 놀이 기구 탐, 주간권(1일권) 29000원, 셔틀 버스 이용 6000원

[실행하기]
29000×6+6000×6=174000+36000=210000(원)
[반성]
(29000+6000)×6=35000×6=210000(원)

3. [문제 이해]
- 구하려고 하는 것 : 처음 과일바구니 안에 있던 방울토마토의 개수
- 주어진 정보 : 방울토마토=딸기×2, 하루에 방울토마토 15개씩, 딸기 5개씩 꺼냄, 오늘 두 종류의 과일을 꺼냈더니 딸기만 10개 남음

[계획하기]
거꾸로 풀기 전략
[실행하기]
딸기 10개만 남게 되었을 때부터 방울토마토가 딸기의 2배가 될 때까지 거꾸로 올라가면 처음 과일바구니 안에 있던 방울토마토의 개수는 60개이다.

방울토마토	딸기
0	10
15	15
30	20
45	25
60	30

[반성]
처음 과일바구니 안에 있던 방울토마토가 60개일 때, 하루에 방울토마토를 15개씩, 딸기를 5개씩 꺼내면 딸기만 10개 남게 된다.

6 여러 가지 문제 해결 전략 I

70~79쪽

수학비밀 14 표 만들어 해결하기

1. (1)

배	출발 시간	도착 시간
첫 번째	아침 7:05	
두 번째	아침 7:25	
세 번째	아침 7:45	
네 번째	아침 8:05	아침 8:50

(2) 아침 8:50

여러 가지 경우를 빠짐없이 정리하거나 차례대로 알아야 구하려는 것을 알 수 있는 경우 표 만들기 전략을 사용하는 것이 좋다.

2. [문제 이해]
- 구하려고 하는 것 : 아버지는 출발한 지 몇 분 후에 서연이와 만나는가?
- 주어진 정보 :

6분 후
아버지 : 1분에 150 m → 서연 : 1분에 60 m →

[계획하기]
표 만들기 전략
[실행하기]
아버지는 서연이가 출발한 지 6분 후에 출발했으므로 그동안 서연이가 간 거리는 6분 동안 간 거리이다. 즉, 서연이는 아버지보다 60×6=360 (m) 앞서 있다.

아버지가 출발한 후 흐른 시간(분)	0	1	2	3	4
서연이가 간 거리(m)	360	420	480	540	600
아버지가 간 거리(m)		150	300	450	600

따라서 아버지는 출발한 지 4분 후에 서연이와 만난다.
[반성]
아버지가 출발한 지 4분 후에 서연이와 만난다고 할 때, 아버지가 간 거리는 150×4=600 (m)이고, 서연이가 간 거리는 360+60×4=600 (m)이다. 즉, 아버지가 출발한 지 4분 후에 서연이와 만난다.

수학비밀 15 그림 그려 해결하기

1. (1)

: 그림
: 만화
: 조각

(2) 24작품

문제에 포함되어 있는 정보 및 관계를 그림으로 나타냄으로써 문제 해결의 단서를 얻을 수 있거나 직접적으로 문제가 해결되는 경우 그림 그리기 전략을 사용하는 것이 좋다.

2. [문제 이해]

• 구하려고 하는 것 : 은행에서 우체국까지의 거리

• 주어진 정보 :

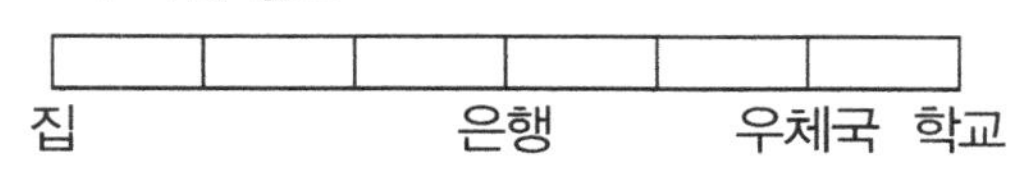

[계획하기]

그림 그리기 전략

[실행하기]

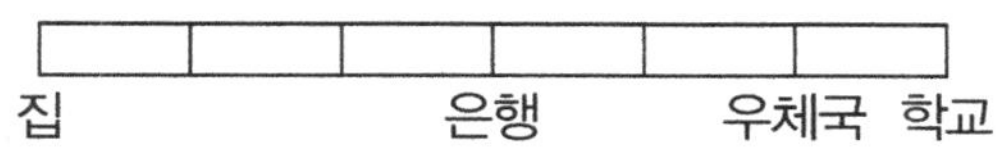

집에서 학교까지의 거리는 960 m인데 이를 6칸으로 똑같이 나누면 한 칸의 크기는 160 m이다. 그러므로 은행에서 우체국까지의 거리는 $160\times2=320$ (m)이다.

[반성]

은행에서 우체국까지의 거리가 320 m라 할 때, 두 칸의 크기가 320 m이므로 한 칸의 크기는 160 m이다. 따라서 집에서 학교까지의 거리는 $160\times6=960$ (m)로 주어진 정보와 맞다.

수학비밀 16 예상하고 확인하여 해결하기

1. (1) 92개

(2) 40마리보다 적어야 한다.

(3) 바다오리 35마리, 수달 8마리

가능한 답의 수가 제한되어 있거나 문제 해결을 위한 적절한 전략이 머리에 떠오르지 않을 경우 예상하고 확인하기 전략을 사용하는 것이 좋다.

2. [문제 이해]

• 구하려고 하는 것 : 아버지와 아영이의 나이

• 주어진 정보 : 아버지와 아영이의 나이의 합은 53, 곱은 460과 490사이

[계획하기]

예상하고 확인하기 전략

[실행하기]

• 아버지가 43살, 아영이가 10살이라면 나이의 곱은 430이다. (×)

• 아버지가 41살, 아영이가 12살이라면 나이의 곱은 492이다. (×)

• 아버니자 42살, 아영이가 11살이라면 나이의 곱은 462이다. (◯)

따라서 아버지는 42살, 아영이는 11살이다.

[반성]

아버지가 42살, 아영이가 11살이라 할 때, 나이의 합은 53이고 곱은 462로 460보다 크고 490보다 작다.

수학비밀 17 규칙 찾아 해결하기 – 달력의 규칙

1. (1) 일요일 (2) 금요일

2. (1) 117일 (2) 수요일

3. • 7일마다 같은 요일이 반복되므로 □일 후의 요일은 □를 7로 나눈 나머지 만큼 뒤로 간 요일이다.

• 1주일은 7일이다.

• 1달은 30일, 31일 중 하나이다. 단, 2월은 28, 29일 중 하나이다.

• 요일은 7일마다 돌아온다.

• 1년은 12달이다.

• 한 달의 달력에는 네 번씩 있는 요일과 다섯 번씩 있는 요일이 있다.

수학비밀 18 문제 해결 전략 적용하기

1. 84송이

2. A : 축구공, B : 농구공, C : 탁구공, D : 배구공, E : 야구공

풀이

수학비밀 16 예상하고 확인하여 해결하기

1. (1) $40\times2+3\times4=92$(개)

(2) 바다오리가 40마리이고, 수달이 3마리일 때, 다리의 수가 92개로 102개보다 적으므로 다리의 수가 많아지려면 바다오리보다 다리가 많은 수달이 더 많아야 합니다. 즉, 바다오리는 40마리보다 적어야 합니다.

(3) 바다오리가 30마리이고, 수달이 13마리라면 다리는 $30\times2+13\times4=112$(개)로 102개보다 많습니다. 즉, 바다오리는 30마리와 40마리 사이에 있어야 합니다. 바다오리가 35마리이고 수달이 8마리라고 예상하면 다리는 $35\times2+8\times4=102$(개)로 주어진 정보와 맞습니다. 따라서 바다오리는 35마리, 수달은 8마리입니다.

수학비밀 17 규칙 찾아 해결하기 – 달력의 규칙

1. (1) 10을 7로 나누면 $10\div7=1\cdots3$이므로 나머지가 3일입니다. 따라서 목요일에서 3일 만큼 더 지난 것이기 때문에 6월 2일부터 10일 후의 요일은 일요일입니다.

(2) 50을 7로 나누면 $50\div7=7\cdots1$이므로 나머지가 1일입니다. 따라서 목요일에서 1일 만큼 더 지난 것이기 때문에 6월 2일부터 50일 후의 요일은 금요일입니다.

2. (1) 2012년 2월 1일은 2011년 10월 7일부터 며칠 후인지 계산해 봅니다. 먼저 10월의 남은 날은 $31-7=24$(일), 11월은 30일, 12월은 31일, 다음 해 1월은 31일, 2월은 1일이므로
$24+30+31+31+1=117$(일)이 지나야 합니다.

(2) 117을 7로 나누면 $117\div7=16\cdots5$이므로 나머지가 5일입니다. 따라서 금요일에서 5일 만큼 더 지난 것이기 때문에 2011년 10월 7일부터 117일 후의 요일은 수요일입니다.

수학비밀 18 문제 해결 전략 적용하기

1. 문제를 단순화하여 꽃을 심은 것을 그려 보면 다음과 같습니다. 한 변의 길이가 24 cm이고 한 변에 6 cm 간격으로 꽃을 심으면 한 변에 4간격이 생깁니다.

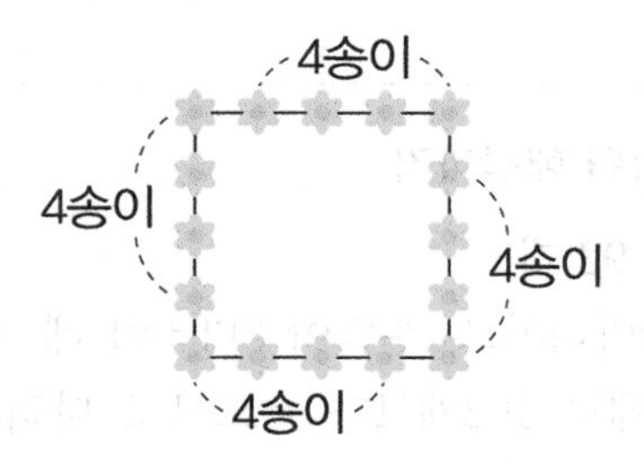

전체 심어진 꽃을 세어 보면 모두 16송이입니다. 그러므로 한 변의 길이 84 cm에 4 cm 간격으로 꽃을 심으면 한 변에 21간격이 생기므로 네 변에 심은 꽃의 수는 $21\times4=84$(송이)입니다.

2. 문제에 제시된 정보를 차례대로 이용하여 표를 채우면 다음과 같이 표를 채울 수 있습니다.

①

	축구공	농구공	배구공	야구공	탁구공
A		×	×		×
B					
C					
D					
E					

②

	축구공	농구공	배구공	야구공	탁구공
A		×	×		×
B			×		×
C					
D					
E					

③

	축구공	농구공	배구공	야구공	탁구공
A		×	×		×
B			×		×
C	×	×		×	
D					
E					

④

	축구공	농구공	배구공	야구공	탁구공
A		×	×		×
B			×		×
C	×	×		×	
D					×
E					

⑤

	축구공	농구공	배구공	야구공	탁구공
A		×	×		×
B			×		×
C	×	×		×	
D					×
E	×	×	×	○	×

각 상자에는 각각 한 개씩의 공만 들어 있으므로 A, B, C, D 상자에는 야구공은 없습니다.

	축구공	농구공	배구공	야구공	탁구공
A		×	×	×	×
B			×	×	×
C	×	×		×	
D				×	×
E	×	×	×	○	×

따라서 A에는 축구공이 들어 있고, B는 축구공 아니면 농구공인데 A에 축구공이 있으므로 B에는 농구공이 있습니다. 그리고 D에는 배구공, C에는 탁구공이 들어 있습니다.

	축구공	농구공	배구공	야구공	탁구공
A	○	×	×	×	×
B	×	○	×	×	×
C	×	×	×	×	○
D	×	×	○	×	×
E	×	×	×	○	×

7 여러 가지 문제 해결 전략 Ⅱ 80~87쪽

수학비밀 19 여러 가지 방법으로 해결하기

1. (1) 3명 (2) 3명

그림 그리기 전략과 표 만들기 전략을 사용하여 문제를 해결할 수 있다.

2. (1) 48장 (2) 48장

거꾸로 풀기 전략과 그림 그리기 전략을 사용하여 문제를 해결할 수 있다.

수학비밀 20 새로운 문제를 만들어 해결하기

1. 4명
2. (예시 답안)

종점에서 (17명)의 손님을 싣고 버스가 출발하였습니다. 학교 앞에서 (10명)의 손님이 내리고 5명의 손님이 탔습니다. 또 다음 정거장인 백화점 앞에서 (8명)의 손님이 내렸습니다. 지금 이 버스에 타고 있는 손님은 모두 몇 명일까요?

3. (예시 답안)

- 새로운 문제 : 종점에서 18명의 손님을 싣고 버스가 출발하였습니다. 학교 앞에서 전체 손님의 $\frac{2}{3}$가 내리고 5명의 손님이 탔습니다. 또 다음 정거장인 백화점 앞에서 현재 손님의 2배가 더 탔습니다. 지금 이 버스에 타고 있는 손님은 모두 몇 명일까요?
- 답 : 33명

4. (예시 답안)

종점에서 손님을 싣고 버스가 출발하였습니다. 학교 앞에서 10명의 손님이 내리고 5명의 손님이 탔습니다. 또 다음 정거장인 백화점 앞에서 8명의 손님이 내렸습니다. 지금 버스에 타고 있는 손님이 3명이라면 종점에서 버스가 출발할 때 타고 있던 손님은 몇 명일까요?

수학비밀 21 틀을 깨는 문제

1.

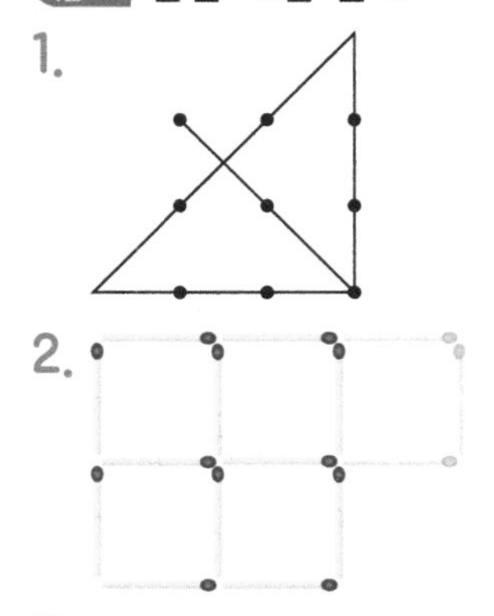

2.

3. 3개의 고리를 풀어 한 줄로 만든다.

풀이

수학비밀 19 여러 가지 방법으로 해결하기

1. (1) 그림 그리기 전략을 사용하여 문제를 해결할 수 있습니다.

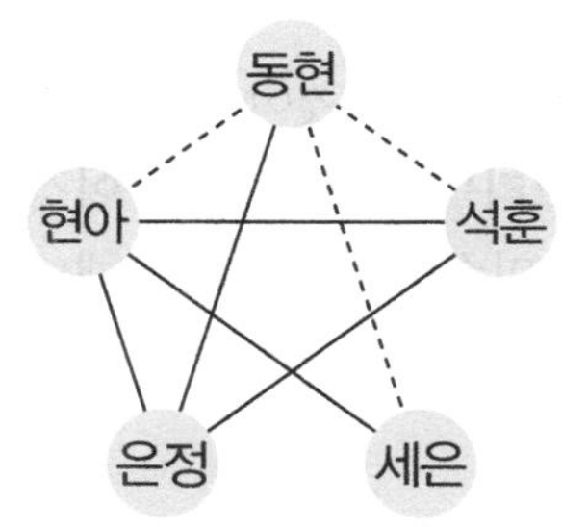

동현이는 모두 3명의 친구들과 악수를 해야 합니다.

(2) 표 만들기 전략을 사용하여 문제를 해결할 수 있습니다.

	동현	현아	은정	세은	석훈
동현		×	○	×	×
현아	×		○	○	○
은정	○	○		×	○
세은	×	○	×		×
석훈	×	○	○	×	

2. (1) 거꾸로 풀기 전략을 사용하여 문제를 해결할 수 있습니다.

수현이에게 빌려 주고 난 후 : 5장

수현이에게 빌려 주기 전 : $5+3=8$(장)

지석이에게 빌려 주기 전 : 8장은 남은 카드의 $\frac{1}{3}$에 해당하므로, $8\times3=24$(장)

현지에게 빌려 주기 전(도영이가 처음 가지고 있던 카드) : 24장은 남은 카드의 $\frac{1}{2}$에 해당하므로, $24\times2=48$(장)

(2) 그림 그리기 전략을 사용하여 문제를 해결할 수 있습니다.

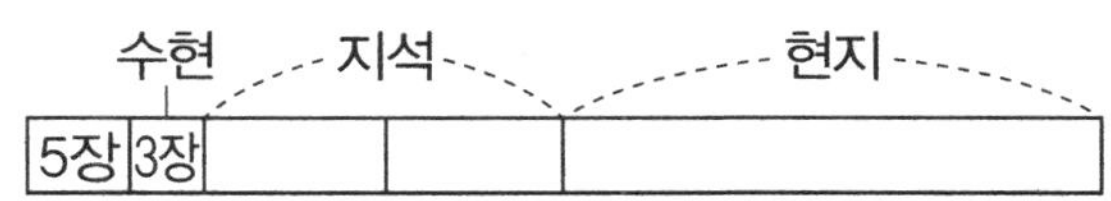

도영이는 마지막에 남은 5장의 게임 카드와 수현이에게 빌려 준 3장의 게임 카드를 합한 만큼의 2배를 지석이에게 빌려 주었고, 3배를 현지에게 빌려 주었습니다. 즉, 지석이에게 빌려 준 게임 카드는 $(5+3)\times2=16$(장)입니다. 따라서 도영이는 처음에 $5+3+16+24=48$(장)의 게임 카드를 가지고 있었습니다.

수학비밀 20 새로운 문제를 만들어 해결하기

1. 지금 이 버스에 타고 있는 손님은
$17-10+5-8=4$(명)입니다.

수학비밀 21 틀을 깨는 문제

3. 네 개의 고리를 풀어서 잇는 것이 보통의 방법입니다. 하지만 한 개의 고리를 완전히 푼 후 이것으로 네 개의 고리를 이을 수 있습니다. 따라서 3개의 고리를 풀면 되므로 $3\times1000=3000$(원)이 들면 한 줄로 만들 수 있습니다.

8 수형도로 경우의 수 세기 88~93쪽

수학비밀 22 경우의 수 세기

1. 6개
2. (1) 24개
   (2) 12개

수학비밀 23 토너먼트

1. TV, 또는 신문에서 본 대진표를 이용한다.
(예시 답안)

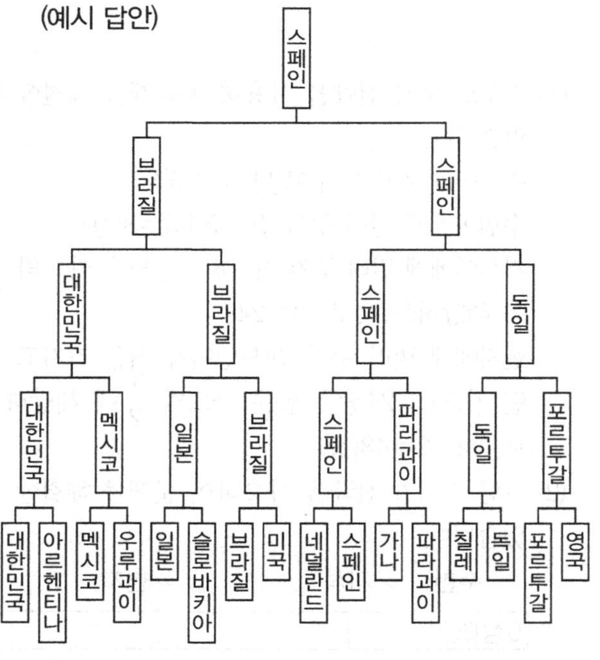

수형도를 이용하여 대진표를 만들 수 있다.

2. 15경기
3. 4번

설명의 창

우승팀

4. (1) (예시 답안)

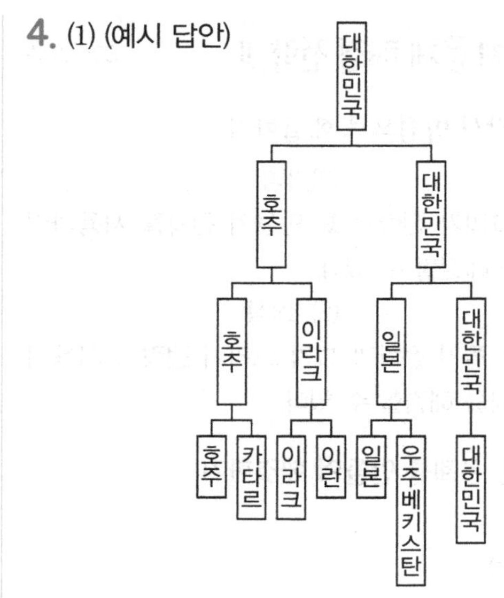

(2) 6번

5.

참가팀 수	게임 수	참가팀 수	게임 수
2	1	8	7
3	2	9	8
4	3	10	9
5	4	11	10
6	5	20	19
7	6	32	31

전체 게임 수=참가팀 수−1
두 팀이 경기를 한 번 할 때마다 탈락하는 한 팀이 생기게 되며 결국은 우승하게 되는 한 팀만 남고 모두 탈락하게 되므로 탈락한 팀의 수만큼 게임을 하게 됩니다. 그러므로 전체 게임 수는 참가한 팀의 수보다 1 적은 수입니다.

풀이

수학비밀 22 경우의 수 세기

1.
- 1 < 4 — 7 / 7 — 4
- 4 < 1 — 7 / 7 — 1
- 7 < 1 — 4 / 4 — 1

2. (1)
- 1 < 4 < (7 — 9, 9 — 7); 7 < (4 — 9, 9 — 4); 9 < (4 — 7, 7 — 4)
- 4 < 1 < (7 — 9, 9 — 7); 7 < (1 — 9, 9 — 1); 9 < (1 — 7, 7 — 1)
- 7 < 1 < (4 — 9, 9 — 4); 4 < (1 — 9, 9 — 1); 9 < (1 — 4, 4 — 1)
- 9 < 1 < (4 — 7, 7 — 4); 4 < (1 — 7, 7 — 1); 7 < (1 — 4, 4 — 1)

(2) (1)에서 사용한 수형도를 이용한다.

수학비밀23 **토너먼트**

3. 16팀이 각각 게임을 시작하게 되면 한 번 게임할 때마다 전체 팀의 절반이 다음 게임을 할 수 있게 되므로 계속 절반씩 줄어들어서 한 팀이 남을 때까지 진행됩니다.

9 기준 정해서 경우의 수 세기 94~101쪽

수학비밀24 **기준 정하여 세기**

1. (1) 2가지 (2) 2가지 (3) 6가지
2. (1) 나, 가장 많은 곳과 이웃해 있기 때문에
   (2) 2가지
   가와 마, 라와 다
   가와 다 영역도 떨어져 있어 같은 색을 칠해도 되지만, 그렇게 같은 색을 칠할 경우 라와 마가 같은 색이 되어 세 가지 색으로 모든 곳을 칠할 수 없게 됩니다.
   (3) 6가지
3. (1) 4가지 (2) 4가지 (3) 21가지
   특별한 정답은 없습니다. 자신의 생각을 자유롭게 표현해 봅시다.
4. 11가지

수학비밀25 **선분 만들기**

1. (1) 2가지
   (2) 2가지
   가와 나를 이었다면 나머지 점은 4개가 남게 됩니다. 4개의 점을 이어서 선분을 만들 수 있는 방법은 역시 2가지입니다.
   (3) 5가지
2. 14가지

수학비밀26 **도형의 개수 구하기**

1. (1) 6개 (2) 7개
   (3)

사각형을 만든 정사각형의 개수	1	2	3	4	5	6	합계
찾을 수 있는 직사각형의 수	6	7	2	2	0	1	18

2. 36개
3. 150개

풀이

수학비밀24 **기준 정하여 세기**

1. (1) 나에 파란색, 다에 초록색 또는 나에 초록색, 다에 파란색을 칠할 수 있으므로 2가지 경우가 있습니다.
   (2) 나에 노란색, 다에 초록색 또는 나에 초록색, 다에 노란색을 칠할 수 있으므로 2가지 경우가 있습니다.
   (3) 가에 초록색을 칠했을 경우 나머지 영역에 다른 색을 칠하는 방법도 2가지가 되어, 세 가지 영역에 다른 색을 칠하는 방법은 6가지입니다.

2. (2) 가와 다를 같은 색으로 칠하면 라와 마가 같은 색이 되므로 가와 마를 같은 색, 라와 다를 같은 색으로 칠해야 합니다. 따라서 문제는 1번과 같은 상황이 되어 3곳을 색칠하는 방법의 수와 같게 되어 2가지 경우가 됩니다.
   (3) 나에 노란색을 칠했을 때 (2)와 같이 2가지 방법이고, 파란색과 초록색을 칠했을 때 (2)와 같은 방법으로 두 가지가 나오므로 6가지입니다.

나	가	라	마	다
노란색	파란색	초록색	파란색	초록색
	초록색	파란색	초록색	파란색

3. (3)
   ① **클럽 활동을 먼저 결정하면**
   - 볼링, 축구를 선택한 경우 – 볼링을 기준으로 하면 볼링이 1교시일 때, 2가지, 볼링이 3교시일 때 2가지로 총 4가지,
   - 농구, 테니스를 선택한 경우 – 겹치는 것을 감안하지 않으면 농구, 테니스 시간 선택의 경우의 수는 4가지이다. 그중 한가지는 두 과목의 시간이 겹치므로 $4-1=3$(가지),
   - 농구, 볼링을 선택한 경우 – 겹치는 것을 감안하지 않으면, 농구, 볼링 시간 선택의 경우의 수는 4가지인데, 그중 한가지는 두 과목의 시간이 겹치므로 $4-1=3$(가지),
   - 테니스, 볼링을 선택한 경우 겹치는 것을 감안하지 않으면, 테니스, 볼링 시간 선택의 경우의 수는 4가지인데, 그중 한가지는 두 과목의 시간이 겹치므로 $4-1=3$(가지), 이상의 경우의 수를 모두 더

하면 $4+4+4+3+3+3=21$ (가지)입니다.

② 시간을 기준으로 해결하는 경우

- 1, 2교시를 선택한 경우 : (축구, 농구), (축구, 테니스), (테니스, 축구), (테니스, 농구), (볼링, 축구), (볼링, 농구), (볼링, 테니스) 이상의 7가지,
- 1, 3교시를 선택한 경우 : (축구, 농구), (축구, 볼링), (테니스, 축구), (테니스, 농구), (테니스, 볼링), (볼링, 축구), (볼링, 농구) 이상의 7가지,
- 2, 3교시를 선택한 경우 : (축구, 농구), (축구, 볼링), (농구, 축구), (농구, 볼링), (테니스, 축구), (테니스, 농구), (테니스, 볼링) 이상의 7가지가 있습니다. 모든 경우의 수를 더하면 $7+7+7=21$로 과목을 기준으로 했을 때와 동일하게 21가지의 경우가 있음을 알 수 있습니다.

4. **① 시간을 기준으로 한 경우**

- 1교시에 축구를 할 때

1교시 2교시 3교시

축구 — 농구 — 볼링
축구 — 테니스 — 농구
축구 — 테니스 — 볼링

- 1교시에 테니스를 할 때

1교시 2교시 3교시

테니스 — 축구 — 볼링
테니스 — 축구 — 농구
테니스 — 농구 — 축구
테니스 — 농구 — 볼링

- 1교시에 볼링을 할 때

1교시 2교시 3교시

볼링 — 축구 — 농구
볼링 — 농구 — 축구
볼링 — 테니스 — 축구
볼링 — 테니스 — 농구

모두 11가지입니다.

② 과목을 기준으로 한 경우

- 축구를 제외한 3과목을 들을 경우 : (테니스, 농구, 볼링), (볼링, 테니스, 농구)의 2가지
- 축구를 포함한 3과목을 들을 경우 : 어느 과목이 빠지든 (3가지)경우의 수는 같습니다. 축구를 제외한 두 과목의 시간을 정하고(3가지), 남는 시간에 축구를 넣으면 됩니다. 즉 $3\times3=9$(가지)입니다.

이상의 경우를 모두 더하면 $2+9=11$, 11가지 경우임을 알 수 있습니다.

수학비밀 25 선분 만들기

1. (1)

가, 나, 다, 라

(2)

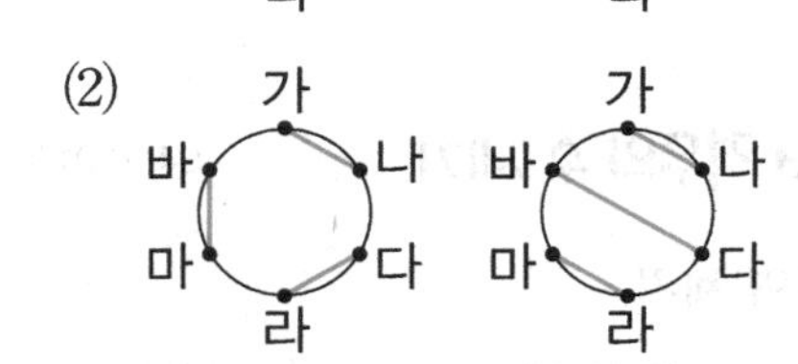

(3) 가와 바를 이었다면 나머지 점은 4개가 남게 됩니다. 4개의 점을 이어서 선분을 만들 수 있는 방법은 역시 2가지이고, 또한 가와 라를 이어도 선분을 만들 수 있으므로 1가지가 더 생기게 됩니다. 따라서 총 $2+2+1=5$로 5가지가 됩니다.

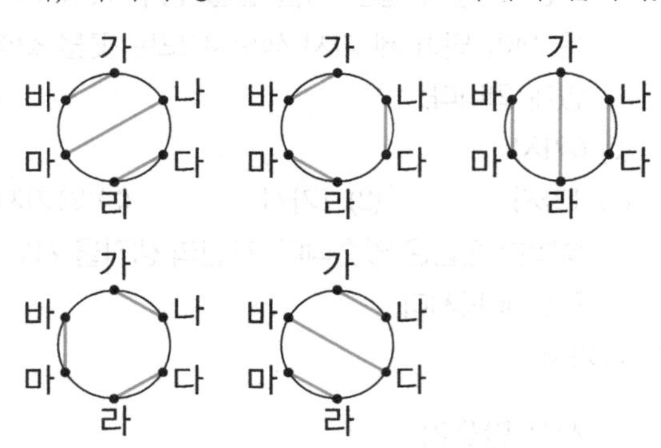

2. 각각의 점에 가나다라마바사아를 시계방향으로 붙였을 때 다음과 같습니다. 가와 나를 이었다면 남은 점은 6개가 되어 1-(3)에서 구한 5가지입니다.

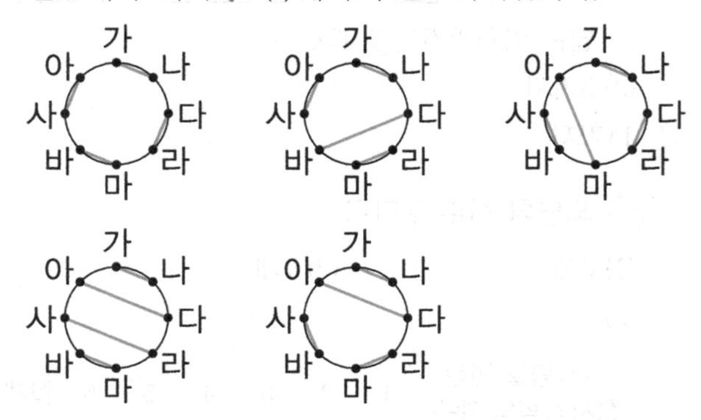

가와 라를 이었다면 남은 점은 2, 4개가 되나 2개의 점을 잇는 방법은 1가지 뿐이므로 남은 4개의 점을 연결하는 방법만 생각하면 됩니다. 남은 4개의 점을 연결하는 방법은 1-(1)에서 구한 2가지입니다.

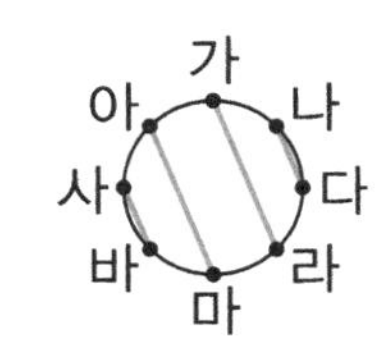

가와 바를 이었다면 가와 라를 이었을 때와 같은 상황으로 2가지입니다.

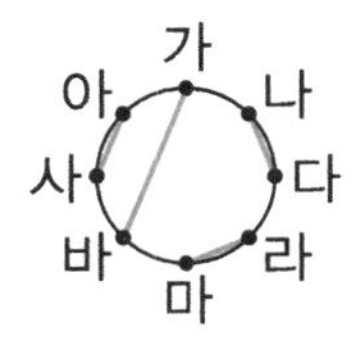

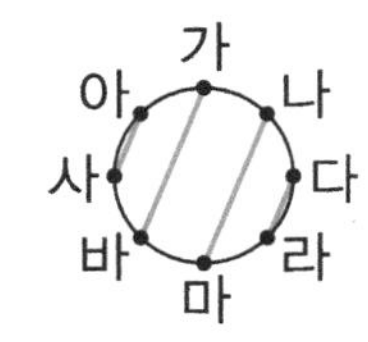

가와 아를 이었다면 가와 나를 이었을 때와 같은 상황으로 5가지입니다.

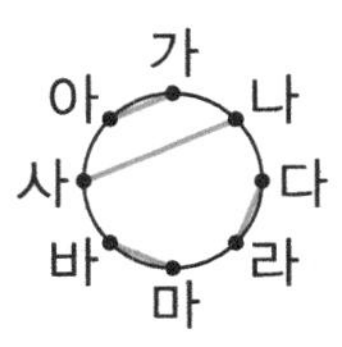

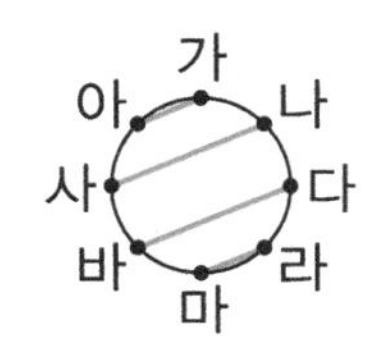

따라서 5+2+2+5=14, 총 14가지입니다.

수학비밀 26 도형의 개수 구하기

2.

정사각형 칸의 수	1	2	3	4	5	6	7	8	9	합계
찾을 수 있는 직사각형의 개수	9	12	6	4	0	4	0	0	1	36

3. 정사각형의 칸 수를 기준으로 세어 봅니다.

정사각형 칸의 수	찾을 수 있는 직사각형의 개수	정사각형 칸의 수	찾을 수 있는 직사각형의 개수	정사각형 칸의 수	찾을 수 있는 직사각형의 개수
1	20	6	17	15	2
2	31	8	10	16	2
3	22	9	6	20	1
4	25	10	3	합계	150
5	4	12	7		

10 여러 가지 경우의 수 세기

102~109쪽

수학비밀 27 경로의 수

1. (1) A에서 시작하여 길을 따라갈 수 있는 가짓수를 교차점에 적는다.

(2) 1가지

(3) 2가지
A–B–F, A–E–F로 가는 2가지 방법이 있다.

(4) 3가지
A–F–J로 가는 방법은 2가지, A–E–I로 가는 방법은 1가지이므로 모두 3가지이다.

(5) A에서 출발하여 교차점까지 갈 수 있는 가짓수를 구한 후 두 수를 더한다.

(6) 20가지

2. (1) 35가지　(2) 42가지
(3) 55가지　(4) 30가지

3. (1) 13가지　(2) 34가지

피보나치 수열의 규칙성을 가지고 있다.
경로의 수를 구하는 방법과 같은 방법으로 해결할 수 있다.

수학비밀 28 타일 덮기

1. 5가지

2. 8가지

3. 13가지

4. 89가지

5. 5가지

세로로 2줄짜리이지만 타일을 가로나 세로로 놓는 방법에 따라 다르다. 가로로 2칸을 놓게 되면 아랫줄의 2칸도 자동으로 가로로 넣을 수 밖에 없으므로 결국 1~4문제와 동일한 방법으로 해결할 수 있는 문제이다.

풀이

수학비밀 27 경로의 수

2. (1)

1	4	10	20	35 (나)
1	3	6	10	15
1	2	3	4	5
가	1	1	1	1

따라서 가에서 나로의 최단거리로 가는 경로는 35가지입니다.

(2)

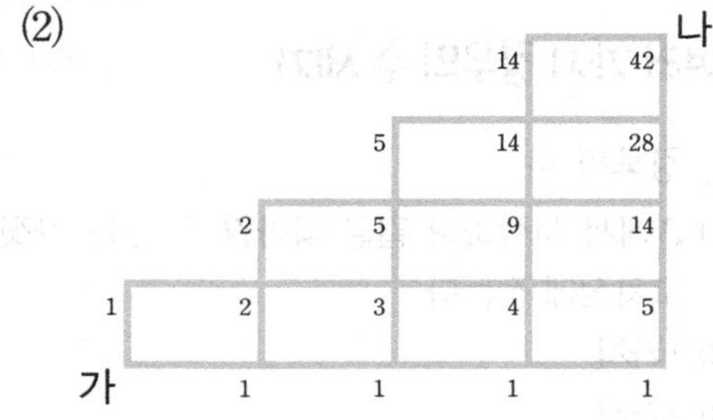

따라서 가에서 나로의 최단 거리로 가는 경로는 42가지입니다.

(3)

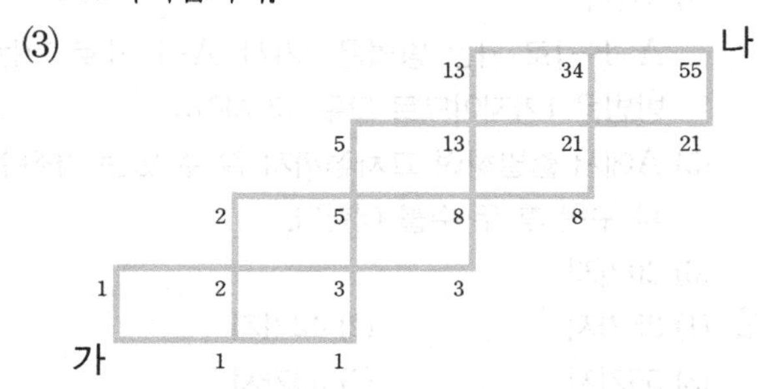

따라서 가에서 나로의 최단 거리로 가는 경로는 55가지입니다.

(4)

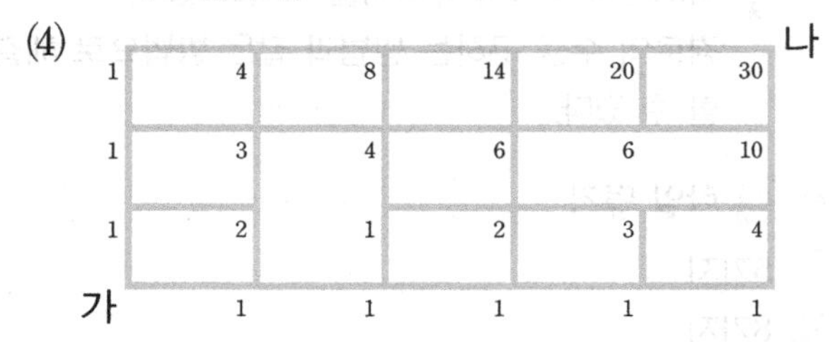

따라서 가에서 나로의 최단 거리로 가는 경로는 30가지입니다.

3. (1)

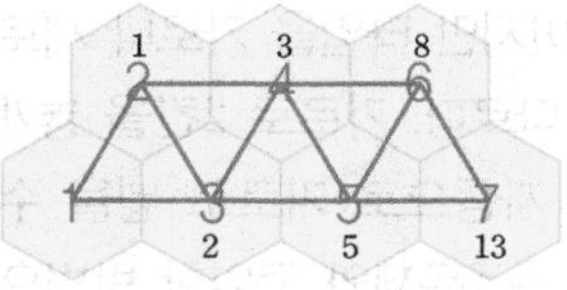

(2)

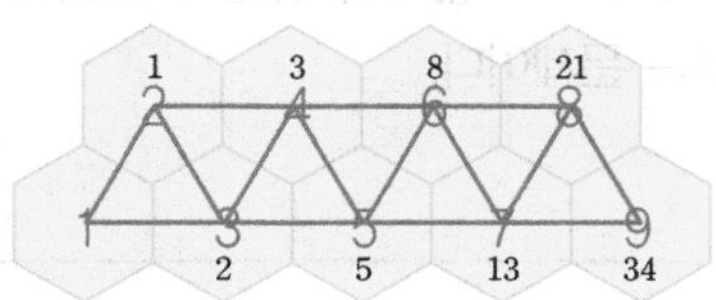

수학비밀28 타일 덮기

1. • 맨 앞의 타일을 1칸짜리를 사용했을 때와 2칸짜리로 채웠을 때로 구분하여 해결합니다.

• 맨 앞의 타일을 1칸짜리로 채웠을 때 남은 3칸을 채우는 방법은 3가지가 됩니다. 《(1,1,1), (1,2), (2,1)》

• 맨 앞의 타일을 2칸짜리로 채웠을 때 남은 2칸을 채우는 방법은 2가지가 됩니다. 《(1,1), (2)》

따라서 전체 방법의 수는 3+2=5, 5가지가 됩니다.

2. • 맨 앞의 타일을 2칸짜리로 덮으면 남는 타일 수는 3칸이 됩니다. 이 3칸을 덮을 수 있는 방법의 수는 3가지입니다.

• 맨 앞의 타일을 1칸짜리로 덮으면 남는 타일 수는 4칸이 됩니다. 이 4칸을 덮을 수 있는 방법의 수는 '문제 1'에서 구한 5가지입니다.

따라서 3+5=8, 8가지가 됩니다.

3. • 맨 앞의 타일을 2칸짜리로 덮으면 남는 타일 수는 4칸이 됩니다. 이 4칸을 덮을 수 있는 방법의 수는 '문제 1'번에서 구한 5가지입니다.

• 맨 앞의 타일을 1칸짜리로 덮으면 남는 타일 수는 5칸이 됩니다. 이 5칸을 덮을 수 있는 방법의 수는 '문제 2'번에서 구한 8가지입니다.

따라서 5+8=13, 13가지가 됩니다.

4. 일곱 개의 정사각형 타일을 덮을 수 있는 방법의 수는 8+13=21(가지)

여덟 개의 정사각형 타일을 덮을 수 있는 방법의 수는 13+21=34(가지)

아홉 개의 정사각형 타일을 덮을 수 있는 방법의 수는 21+34=55(가지)

열 개의 정사각형 타일을 덮을 수 있는 방법의 수는 34+55=89(가지)입니다.

5. 2칸짜리 타일을 맨 앞의 위 칸에 놓으면 나머지 4칸을 덮을 수 있는 방법의 수는 2가지, 2칸짜리 타일을 맨 앞에 세워서 놓으면 나머지 6칸을 덮을 수 있는 방법의 수는 3가지입니다. 따라서 주어진 타일을 덮을 수 있는 방법의 수는 2+3=5(가지)가 됩니다.

11 여러 가지 수 퍼즐

110~117쪽

수학비밀 29 벌집 퍼즐

1. (예시 답안)

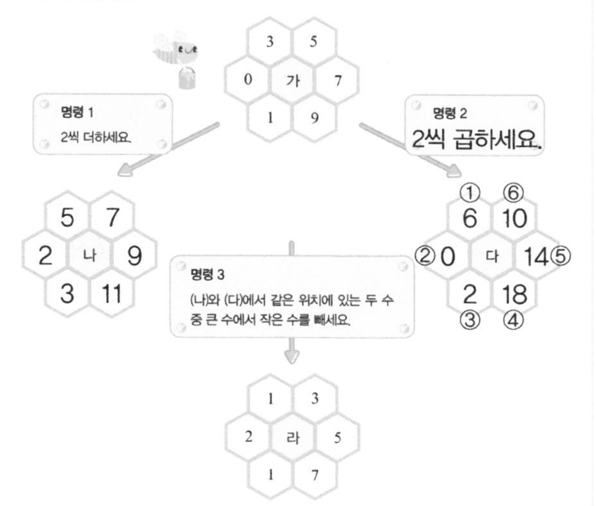

2. (예시 답안)

수학비밀 30 꼭짓점 퍼즐

1. (1) ㉡+㉣=9, ㉢=2, ㉥=9

(2) 1과 5, 이유 : 풀이 참조

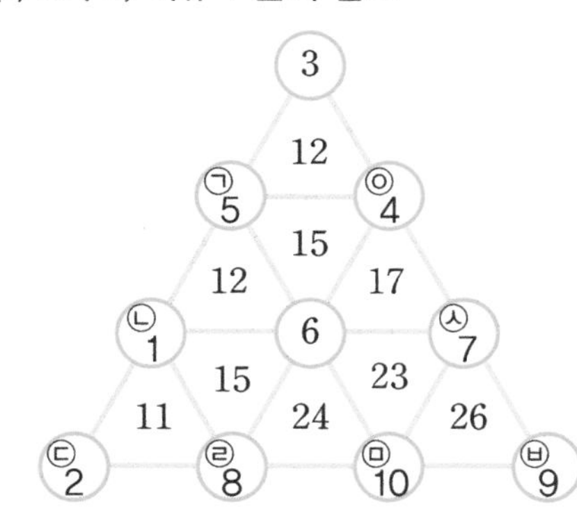

2.

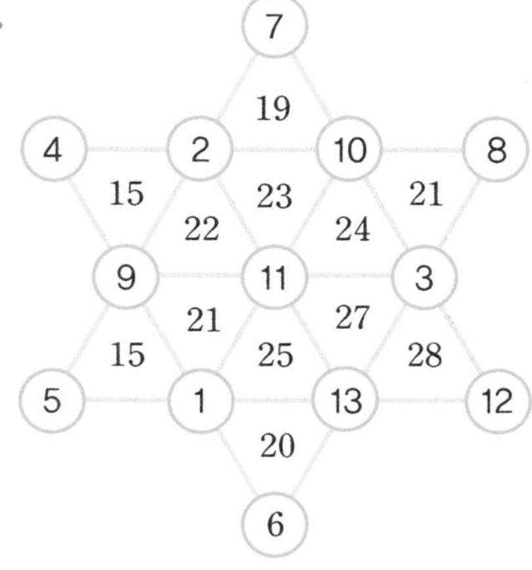

수학비밀 31 십자 퍼즐

1. (1) 1, 3, 5

(2) 1인 경우 : 8, 3인 경우 : 9, 5인 경우 : 10

(3) (예시 답안), 방법 : 풀이 (1), (2) 참조

	2				1				2	
3	1	4		2	3	4		1	5	4
	5				5				3	

2. (예시 답안)

(1)

	7				6				6	
8	6	9		7	8	9		7	10	8
	10				10				9	

(2)

	4				2				2	
6	2	8		4	6	8		4	10	6
	10				10				8	

(3)

	10				5				5	
15	5	20		10	15	20		10	25	15
	25				25				20	

수학비밀 32 ㄱ자 퍼즐

1. (1) 1, 3, 5

(2) 1인 경우 : 8, 3인 경우 : 9, 5인 경우 : 10

(3) (예시 답안), 방법 : 풀이 (1), (2) 참조

2	5	1		1	5	3		1	4	5
		3				2				2
		4				4				3

2. (예시 답안)

2	3	8	9	1		1	5	6	9	3
				4						2
				5						4
				6						7
				7						8

1	2	8	9	5
				3
				4
				6
				7

1	4	5	9	7
				2
				3
				6
				8

1	2	7	8	9
				3
				4
				5
				6

3. (예시 답안)

3	6	8	2
			1
			4
			5
			7

3	6	7	4
			1
			2
			5
			8

2	5	8	6
			1
			3
			4
			7

1	6	7	8
			2
			3
			4
			5

풀이

수학비밀29 벌집 퍼즐

1. (나)에 먼저 수를 채웁니다. (다)에 들어가는 수는 (라)에 있는 수만큼 차이가 나야 하므로 (나)에서 (라)의 수를 더하거나 빼면 (다)에는 ①부터 차례대로 4 또는 6, 0 또는 4, 2 또는 4, 4 또는 18, 4 또는 14, 4 또는 10이 들어갈 수 있습니다.

2. (나)에 있는 숫자 1과 (다)에 있는 숫자 8을 이용하여 (가), (나), (다)의 아래 두 칸씩을 모두 채웁니다. (라)의 아래 두 칸에 쓰인 5, 10은 (나)의 아래 두 칸에 들어가는 1, 2의 5배이므로 (라)의 각 수를 5로 나눈 수들이 (나)에 들어감을 알 수 있습니다. (나)의 각 수에 2씩 곱한 수를 (가)에 채우고 다시 2씩 곱한 수를 (다)에 채우면 퍼즐을 해결할 수 있습니다.

수학비밀30 꼭짓점 퍼즐

1. (1) 6+㉡+㉣=15이므로 ㉡+㉣=9이며, ㉡+㉢+㉣=11이므로 ㉢=2가 됩니다.
마찬가지 방법으로 6+㉦+㉤=23이므로 ㉦+㉤=17이며, ㉤+㉥+㉦=26이므로 ㉥=9가 됩니다.
(2) 6+㉠+㉡=12이므로 ㉠+㉡=6입니다. 따라서 ㉠, ㉡이 될 수 있는 경우를 짝지어 나타내면 (1, 5), (2, 4), (3, 3)이고, 서로 다른 수를 넣어야 하므로 ㉠=1, ㉡=5 또는 ㉠=5, ㉡=1이 됩니다.
- ㉠=1, ㉡=5인 경우 : ㉢=2, ㉣=4, ㉤=14, ㉥=9, ㉦=3, ㉧=8이므로 ㉤은 10보다 큰 수, ㉦은 중복 사용되어 퍼즐의 규칙을 만족하지 않습니다.
- ㉠=5, ㉡=1인 경우 : ㉢=2, ㉣=8, ㉤=10, ㉥=9, ㉦=7, ㉧=4이므로 규칙을 만족합니다.

2. 먼저 1번의 (1) 방법으로 다음 색칠한 부분의 수를 구하고, 남은 빈칸에 그림과 같이 기호를 붙여 생각합니다.

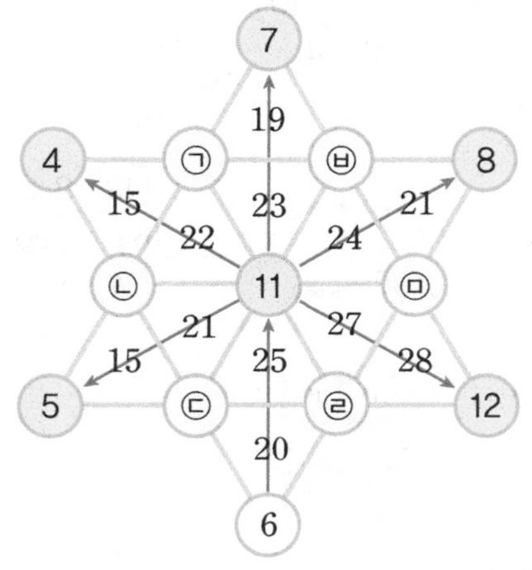

11+㉡+㉢=21이므로 ㉡+㉢=10입니다. 따라서 ㉡, ㉢이 될 수 있는 경우를 짝지어 나타내면 (1, 9), (2, 8), (3, 7), (4, 6) (5, 5)이고, 서로 다른 수를 넣어야 하므로 ㉡=1, ㉢=9 또는 ㉡=9, ㉢=1이 됩니다.
- ㉡=1, ㉢=9인 경우 : ㉠=10, ㉣=5, ㉤=11, ㉥=2이므로 ㉣, ㉤이 중복 사용됩니다.
- ㉡=9, ㉢=1인 경우 : ㉠=2, ㉣=13, ㉤=3, ㉥=10이므로 규칙을 만족합니다.

수학비밀31 십자 퍼즐

1. (1) 가우스의 합을 구하는 식을 이용하면 쉽게 해결할 수 있습니다.
1, 2, 3, 4, 5, 중 합이 같은 두 수를 짝지으면 (1, 5), (2, 4) - 3이 남음, (2, 5), (3, 4) - 1이 남

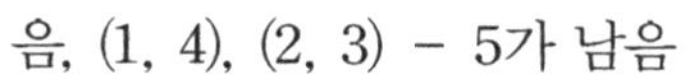

음, (1, 4), (2, 3) - 5가 남음

(2) $1+2+3+4+5=15$이므로 세 수의 합은 ㉤에 들어가는 수에 따라
1인 경우: $(15+1)\div2=8$,
3인 경우: $(15+3)\div2=9$,
5인 경우: $(15+5)\div2=10$이 됩니다.

수학비밀32 ㄱ자 퍼즐

1. (1) 가우스의 합을 구하는 식을 이용하면 쉽게 해결할 수 있습니다.
1, 2, 3, 4, 5 중 합이 같은 두 수를 짝지으면 (1, 5), (2, 4) - 3이 남음, (2, 5), (3, 4) - 1이 남음, (1, 4), (2, 3) - 5가 남음
(2) $1+2+3+4+5=15$이므로 세 수의 합은 ㉢에 들어가는 수에 따라
1인 경우: $(15+1)\div2=8$,
3인 경우: $(15+3)\div2=9$,
5인 경우: $(15+5)\div2=10$이 됩니다.

12 마방진 탐구하기 118~125쪽

수학비밀33 3차 마방진

1. 15
2. (1, 5, 9), (1, 6, 8), (2, 4, 9), (2, 5, 8), (2, 6, 7), (3, 4, 8), (3, 5, 7), (4, 5, 6)
3. 5, 이유 : 풀이 참조
4. 2, 4, 6, 8
5. (예시 답안)

6	7	2
1	5	9
8	3	4

8	1	6
3	5	7
4	9	2

수학비밀34 3차 마방진의 성질

1. (예시 답안) 마방진이 된다.
기본 마방진

6	7	2
1	5	9
8	3	4

• 오른쪽으로 90° 회전

8	1	6
3	5	7
4	9	2

• 오른쪽으로 180° 회전

4	3	8
9	5	1
2	7	6

• 왼쪽으로 90° 회전

2	9	4
7	5	3
6	1	8

• 왼쪽으로 180° 회전

4	3	8
9	5	1
2	7	6

(오른쪽으로 180° 회전한 것과 동일)

2. (예시 답안) 마방진이 된다.
기본 마방진

6	7	2
1	5	9
8	3	4

• 가로의 첫째 줄과 셋째 줄을 바꾸기

8	3	4
1	5	9
6	7	2

• 세로의 첫째 줄과 셋째 줄을 바꾸기

2	7	6
9	5	1
4	3	8

3. (예시 답안) 마방진이 된다.

(1)

16	17	12
11	15	19
18	13	14

(2)

12	14	4
2	10	18
16	6	8

4. (1) (예시 답안) 마방진이 된다.

6	7	2
1	5	9
8	3	4

+ 5 →

11	12	7
6	10	14
13	8	9

(2) (예시 답안) 마방진이 된다.

6	7	2
1	5	9
8	3	4

× 5 →

30	35	10
5	25	45
40	15	20

5. (예시 답안)
(1) 마방진이 된다.
공통합 : 30

8	1	6
3	5	7
4	9	2

+

2	7	6
9	5	1
4	3	8

=

10	8	12
12	10	8
8	12	10

(2) 항상 마방진이 되지는 않는다.

8	1	6
3	5	7
4	9	2

×

2	7	6
9	5	1
4	3	8

=

16	7	36
27	25	7
16	27	16

• 마방진을 오른쪽 또는 왼쪽으로 회전하여도 마방진이 된다.
• 마방진의 가로 또는 세로의 첫째 줄과 셋째 줄

을 서로 바꾸어도 마방진이 된다.
- 마방진의 각 칸에 같은 수를 더하거나 곱해도 마방진이 된다.
- 두 마방진의 서로 같은 위치의 수들을 더해도 마방진이 된다.

수학비밀35 4차 마방진

1. 34, 방법 : 풀이 참조
2. ㉣ 또는 ㉦
3.

16	9	5	4
2	7	11	14
3	6	10	15
13	12	14	1

풀이

수학비밀33 3차 마방진

1. 1부터 9까지의 수를 한 번씩만 이용하여 마방진을 만드는 것이므로 $1+2+3+\cdots\cdots+9=45$이고, 세 줄의 합이 모두 같아야 함으로 3으로 나누면 공통합은 $45\div3=15$입니다.

3. 2번의 8가지 경우 중 네 번 사용된 수가 5이므로 5가 ㉤에 들어갑니다.

4. 2번의 8가지 경우 중 세 번 사용된 수는 2, 4, 6, 8이므로 이 네 개의 수가 마방진의 모서리 칸에 들어갑니다.

수학비밀35 4차 마방진

1. 1부터 16까지의 수를 한 번씩만 사용한 것이므로 각 칸에 쓰인 수들의 합은
$1+2+3+\cdots\cdots+16=(1+16)\times16\div2=136$입니다.
따라서 공통합은 $136\div4=34$입니다.

3. 공통합이 34이므로 4+㉣+15+1=34 ⇨ ㉣=14, 16+7+㉦+1=34 ⇨ ㉦=10, ㉢+7+11+㉣=34 ⇨ ㉢=2, ㉡+11+㉦+8=34 ⇨ ㉡=5, 16+㉠+㉡+4=34 ⇨ ㉠=9, ㉤, ㉥, ㉧, ㉨에는 남은 수 3, 6, 12, 13을 넣으면 됩니다.
가로줄에서 ㉤+㉥=9, ㉧+㉨=25이므로 ㉤, ㉥에는 3, 6을, ㉧, ㉨에는 12, 13을 넣어야 하며, 세로줄에서 ㉤+㉧=16, ㉥+㉨=18이므로 ㉤, ㉧에는 3, 13을 ㉥, ㉨에는 6, 12를 넣어야 합니다. 따라서 ㉤=3, ㉥=6, ㉧=13, ㉨=12입니다.

13 변형 마방진 탐구하기 126~133쪽

수학비밀36 삼각진

1. (1) 45
(2) 63
(3) (예시 답안), 이유 : 풀이 참조
A=6, B=9 또는 A=9, B=6
(4) (예시 답안)

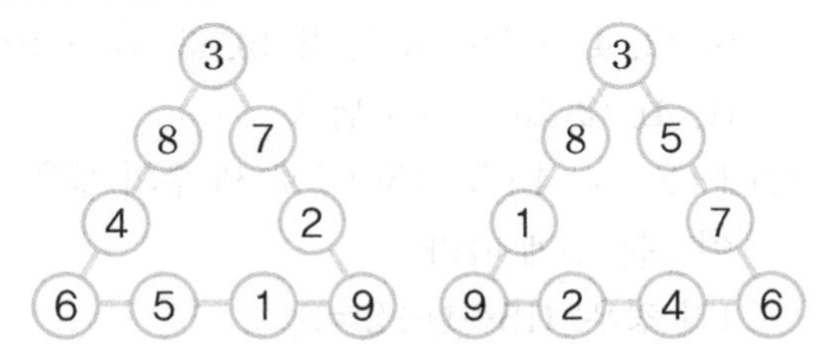

2. (1) 1, 2, 3
(2) 17
(3) (예시 답안)

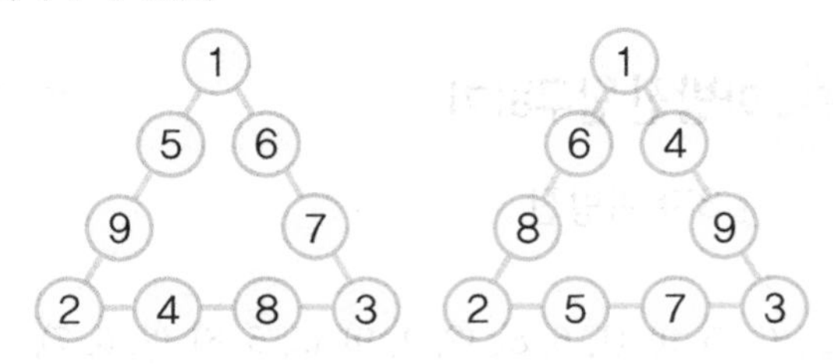

3. (예시 답안)

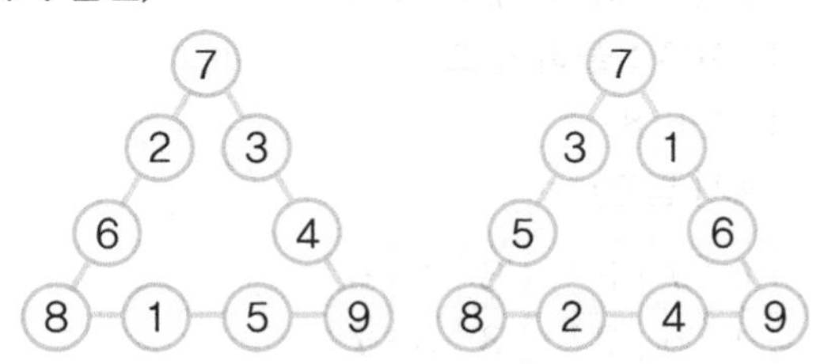

수학비밀37 테두리 방진

1. (1) 55
(2) 19
(3) A=7, B=10 또는 A=10, B=7
이유 : 풀이 참조
(4) (예시 답안)

8	2	6	3
10	19		7
1	4	5	9

2. (1) 홀수, 1부터 10까지 수들의 합 55에서 ㉠과 ㉡에 들어가는 두 수를 뺀 값이 2로 나누어 떨어져야

하므로 ㉠과 ㉡에 들어가는 두 수의 합은 홀수가 되어야 한다.

(2) 19, 18

(3) (예시 답안)

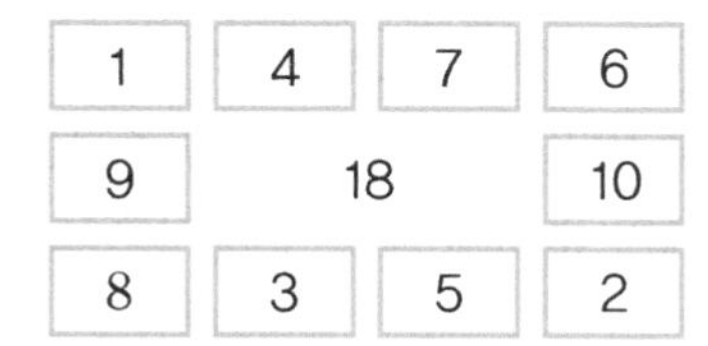

3. (1) 11

(2) (예시 답안)

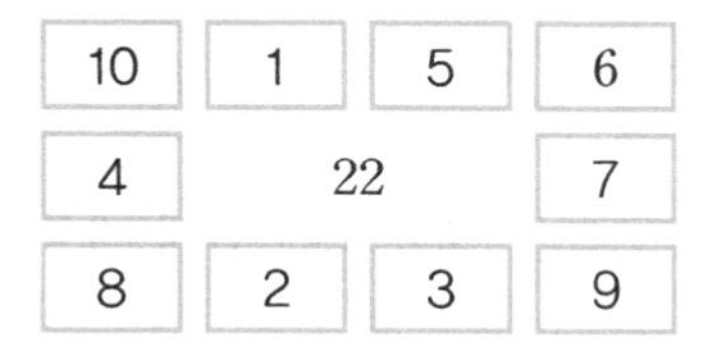

풀이

수학비밀36 삼각진

1. (1) $1+2+3+\cdots+9=(1+9)\times9\div2=45$

(2) $21\times3=63$

(3) $63-45=18$이므로 두 번 더해지는 삼각형의 꼭짓점에 들어가는 수들의 합이 18입니다. 따라서 $3+A+B=18$, $A+B=15$이므로 A와 B에 들어갈 수 있는 수를 짝지어 나타내면 (7, 8), (6, 9)인데 8은 이미 쓰여 있으므로 $A=6$, $B=9$ 또는 $A=9$, $B=6$입니다.

2. (2) $1+2+3+\cdots+9=45$, $1+2+3=6$이므로 공통합은 $(45+6)\div3=17$입니다.

(3) 1, 2, 3을 세 꼭짓점에 넣고, 공통합이 17이 되도록 나머지 동그라미 안에 남은 수들을 채워 넣으면 됩니다.

3. 공통합이 최대가 되려면 꼭짓점에는 7, 8, 9를 넣으면 됩니다.

$1+2+3+\cdots+9=45$, $7+8+9=24$이므로 공통합은 $(45+24)\div3=23$입니다.

7, 8, 9를 세 꼭짓점에 넣고, 공통합이 23이 되도록 나머지 동그라미 안에 남은 수들을 채워 넣으면 됩니다.

수학비밀37 테두리 방진

1. (1) $1+2+3+\cdots+10=(1+10)\times10\div2=55$

(2) 공통합이 19이므로 ㉠+㉡+㉢+㉣=19, ㉤+㉥+㉦+8=19입니다.

(3) $1+2+3+\cdots+10=55$, ㉠+㉡+㉢+㉣+㉤+㉥+㉦+9=38이므로 $A+B=55-38=17$입니다. 따라서 A와 B에 들어갈 수 있는 수를 짝지어 나타내면 (7, 10), (8, 9)인데 9는 이미 쓰여 있으므로 $A=7$, $B=10$ 또는 $A=10$, $B=7$입니다.

2. (2) (테두리 방진의 공통합)={(1부터 10까지의 수의 합)−(㉠+㉡)}÷2이므로 ㉠+㉡의 값이 클수록 공통합의 값이 작아집니다. 따라서 ㉠, ㉡에 9, 10, 즉 ㉠과 ㉡의 합이 19일 때, 공통합이 최소가 됩니다.

3. (1) $1+2+3+\cdots+10=55$, $22\times2=44$이므로 ㉠+㉡=55−44=11입니다.

(2) ㉠과 ㉡에 들어가는 두 수의 합이 11이므로 ㉠, ㉡에 들어갈 수 있는 수를 짝지어 나타내면 (1, 10), (2, 9), (3, 8), (4, 7), (5, 6)입니다.

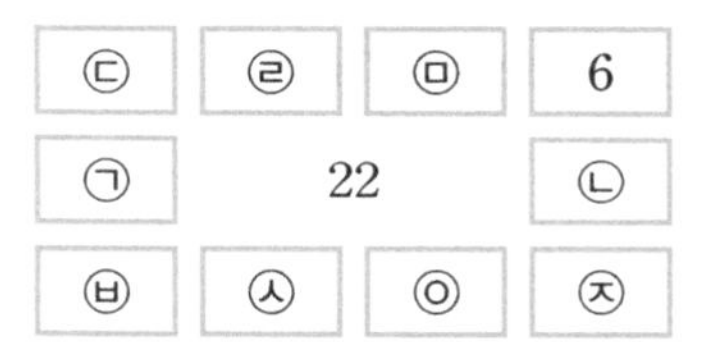

그림과 같이 빈칸에 기호를 붙여 생각하면

- ㉠=1, ㉡=10인 경우 (또는 ㉠=10, ㉡=1인 경우) ㉢+㉠+㉥=22, ㉢+㉥=21을 만족하는 수가 없습니다.
- ㉠=2, ㉡=9인 경우 (또는 ㉠=9, ㉡=2인 경우) ㉢+㉠+㉥=22, ㉢+㉥=20을 만족하는 수가 없습니다.
- ㉠=3, ㉡=8인 경우 (또는 ㉠=8, ㉡=3인 경우) ㉠+㉡+㉣+㉤+㉦+㉧=11이어야 하는데 3, 6, 8을 제외하고 가장 작은 수들을 넣어도 그 합이 11보다 큽니다.
- ㉠=5, ㉡=6인 경우 (또는 ㉠=6, ㉡=5인 경우) 6이 중복되어 사용됩니다.

따라서 ㉠과 ㉡에는 4, 7을 넣을 수 있으며 ㉡=4인 경우 ㉨=12가 될 수 없으므로 ㉠=4, ㉡=7이고, 남은 칸에 나머지 수들을 적절히 배치하면 됩니다.

14 규칙 찾아 해결하기

134~141쪽

수학비밀38 규칙 찾기

1. (1) 29번, 방법 : 풀이 참조
   (2) 9번, 방법 : 풀이 참조
2. (1) 10번
   (2) ㉯, 방법 : 풀이 참조
3. (1) 두 조명 모두 왕복으로 들어온다. 위쪽 조명은 1분마다 3칸 이동한 위치에 들어오고, 아래쪽 조명은 1분마다 1칸 이동한 위치에 들어온다.
   (2) 5분 후 (3) 10분 후
   (4) 19번, 방법 : 풀이 참조

수학비밀39 규칙 찾아 해결하기

1. (1)

구분	첫 번째	두 번째	세 번째
빨간색	4	4	4
파란색	0	4	8
보라색	0	1	4

빨간색 조명은 항상 4개이고, 파란색 조명은 0, 4×1, 4×2, 4×3, ……으로 늘어나고, 보라색 조명은 0, 1×1, 2×2, 3×3, ……으로 늘어난다.
   (2) 6번째
2. (1) 45장
   (2) 90장
   (3) 920장
3. (1) 42개, 방법 : 풀이 참조
   (2) 19개, 방법 : 풀이 참조
4. 40개

풀이

수학비밀38 규칙 찾기

1. (1) 주어진 악보가 한 주기로서 9번 반복되고 난 후 마지막 '솔'이 한 번 나오는 동안 '도'가 몇 번 들리는지 구하면 됩니다. 한 주기에 '도'가 3번씩 들리고, 주기가 반복되고 난 후 '솔'이 한 번 나올 때까지 '도'가 2번 들리므로 '도'는 총 3×9+2=29(번) 들립니다.
   (2) 주어진 악보를 한 주기로 볼 때, 한 주기에 '도'가 3번씩 들립니다. 따라서 4번의 주기가 반복되고 난 후 '도'가 두 번 나오는 동안 '라'가 몇 번 들리는지 구하면 됩니다. 한 주기에 '라'가 2번씩 들리고, 주기가 반복되고 난 후 '도'가 두 번 나올 때까지 '라'는 1번 들리므로 '라'는 총 2×4+1=9(번) 들립니다.

2. (1) ㉮ 조명이 들어오는 순서를 보면 1, 11, 21, ……의 규칙이 있음을 알 수 있습니다. 따라서 건축물에 조명이 총 100번 들어올 때, ㉮ 조명은 1, 11, 21, ……, 91의 순서에 조명이 들어오므로 총 10번 켜집니다.
   (2) ㉮ 조명이 들어오는 순서 중 100에 가까운 것은 101이므로 거꾸로 생각하면 100번째 조명이 켜지는 위치는 ㉯ 조명입니다.

3. (2) 이후 조명의 모습을 그려 보면 쉽게 예상할 수 있습니다.

4분 후

5분 후

   (3) 조명이 두 번째로 동시에 들어오는 것은 방향만 바뀌어 다시 처음 시작한 위치로 돌아가는 것이므로 같은 시간이 걸리게 됩니다. 따라서 두 번째로 동시에 들어오는 것은 5+5=10(분) 후입니다.
   (4) 이후 조명 모습을 보면 5, 10, 15, 20, …… 분 후에 동시에 들어오는 것을 알 수 있습니다. 5×18=90이므로 90분 동안 두 조명이 동시에 들어오는 경우는 18번입니다. 처음 동시에 들어온 때도 포함해야 하므로 90분 동안 두 조명은 18+1=19(번) 동시에 들어오게 됩니다.

수학비밀39 규칙 찾아 해결하기

1. (2) 파란색과 보라색 조명의 개수를 표로 나타내 보면,

구분	첫 번째	두 번째	세 번째	네 번째	다섯 번째	여섯 번째
파란색	0	4	8	12	16	20
보라색	0	1	4	9	16	25

따라서 보라색 조명이 파란색 조명의 개수보다 많아지는 것은 6번째입니다.

2. (1) 색종이 1장 당 9장이 늘어나는 것이므로 색종이 5장을 각각 10조각으로 자르면 색종이는 45장이 늘어납니다.

(2) 자르고 넣기를 두 번 반복하면 $45+45=90$(장)이 늘어납니다.

(3) 자르고 넣기를 20번 반복하면 색종이는 $45\times20=900$(장)이 늘어납니다. 처음에 색종이는 20장 있었으므로 색종이는 모두 $20+900=920$(장)이 됩니다.

3. (1) 테이블과 의자의 개수를 세어 보면 테이블의 수가 하나씩 늘어날 때마다 의자의 수는 4개씩 늘어나고 있음을 알 수 있습니다.

따라서 테이블이 10개 놓일 때 의자는 42개 필요합니다.

테이블의 수(개)	의자의 수(개)
1	6
2	$6+4=10$
3	$6+4+4=14$
4	$6+4+4+4=18$
5	$6+4+4+4+4=22$
⋮	⋮
10	$6+4+4+4+\cdots\cdots+4=42$ (4를 9번 더함)

(2) $78=6+4+4+\cdots\cdots+4$로 표현할 수 있습니다. 이때, 더한 4의 개수를 □개라고 하면 $78=6+4\times\square$입니다. $\square=18$이므로 78은 19번째 수입니다. 따라서 책상은 19개 놓입니다.

4. 사용된 파이프의 개수를 표로 나타내 보면,

단계	파이프의 개수(개)
1	9
2	$9+7=16$
3	$9+7+7=23$
4	$9+7+7+7=30$
5	$9+7+7+7+7=37$
6	$9+7+7+7+7+7=44$
7	⋮

따라서 $72=9+7+7+\cdots\cdots+7$로 표현할 수 있습니다. 이때, 더한 7의 개수를 □개라고 하면 $72=9+7\times\square$입니다. $\square=9$이므로 10단계에서 파이프가 72개 사용되었음을 알 수 있습니다.

가장 작은 정삼각형 모양의 개수를 표로 나타내 보면,

단계	가장 작은 정삼각형 모양의 수(개)
1	4
2	$4+4=4\times2=8$
3	$4+4+4=4\times3=12$
4	$4+4+4+4=4\times4=16$
5	$4+4+4+4+4=4\times5=20$

따라서 10단계에서 가장 작은 정삼각형 모양의 수는 $4\times10=40$(개)입니다.

15 여러 가지 수열의 규칙 찾기

142~149쪽

수학 비밀 40 하노이의 탑

1. 원판의 수를 간단히 하여 규칙을 찾아 해결하는 문제 해결 전략을 이용한다.

2. (1) 1번

(2) 3번

(3) 7번

3. (1) 기둥을 왼쪽부터 A, B, C로 기호를 붙입니다. 4개의 원판을 옮기는 최소 이동 횟수를 구하려면 작은 3개의 원판을 B 기둥으로 옮긴 뒤, 가장 큰 원판을 C 기둥으로 옮기고 B 기둥에 있는 3개의 원판을 C 기둥으로 옮기는 것과 같다.

(2) □개의 원판을 옮기는 최소 이동 횟수를 구하려면 작은 (□−1)개의 원판을 B 기둥으로 옮긴 뒤, 가장 큰 원판을 C 기둥으로 옮기고 B 기둥에 있는 (□−1)개의 원판을 C 기둥으로 옮기는 것과 같다.

4. (1) □개의 원판을 옮기는 최소 이동 횟수는 (□−1)개의 원판을 옮기는 최소 이동 횟수를 두 번 더한 후 1을 더한 것과 같다.

(2)

원판의 수	2	3	4	5	6	7
최소 이동 횟수	3	7	15	31	63	127

최소 이동 횟수의 수열을 보면 $\times2+1$만큼 늘어나는 규칙을 찾을 수 있다.

(3) 최소 이동 횟수가 $\times2+1$만큼 늘어나는 이유는 (원판이 □개일 때의 최소 이동 횟수)$=2\times$(원판이 (□−1)개일 때의 최소 이동 횟수)$+1$이기 때문이다.

수학비밀 41 여러 가지 수열

1. (1) 6개 (2) 12개

(3)

원의 개수	1	2	3	4	5	6
점의 개수	0	2	6	12	20	30

+2 +4 +6 +8 +10

+2 +2 +2 +2

(4) 132개

2. 233쌍

3. (1)

자른 횟수	1	2	3	4	5
실의 개수	2	4	8	16	32

(2) 실의 개수는 ×2로 늘어나는 규칙이 있다.

(3) 256개

풀이

수학비밀 40 하노이의 탑

2. (1) 가장 작은 원판부터 1, 2, 3, ……순으로 번호를 붙입니다. 원판이 1개일 때는 다음과 같이 1번에 옮길 수 있습니다.

1 / A B C → 1 / A B C

(2) 원판이 2개일 때는 다음과 같이 3번에 옮길 수 있습니다.

1 2 / A B C → 2 1 / A B C → 1 2 / A B C → 1 2 / A B C

(3) 원판이 3개일 때는 다음과 같이 7번에 옮길 수 있습니다.

1 2 3 / A B C → 2 3 1 / A B C → 3 2 1 / A B C → 1 3 2 / A B C

→ 1 2 3 / A B C → 1 2 3 / A B C → 1 2 3 / A B C → 1 2 3 / A B C

4. (2) 최소 이동 횟수를 구할 때, 전 단계의 최소 이동 횟수를 이용하여 구합니다.

수학비밀 41 여러 가지 수열

1. (1)

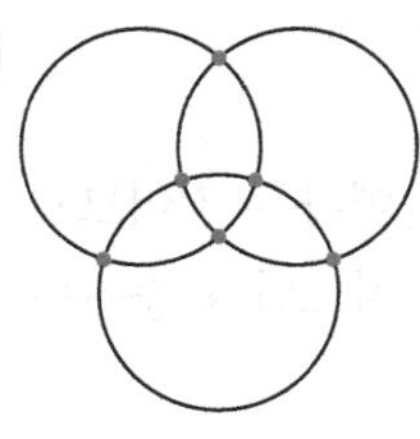

(2)

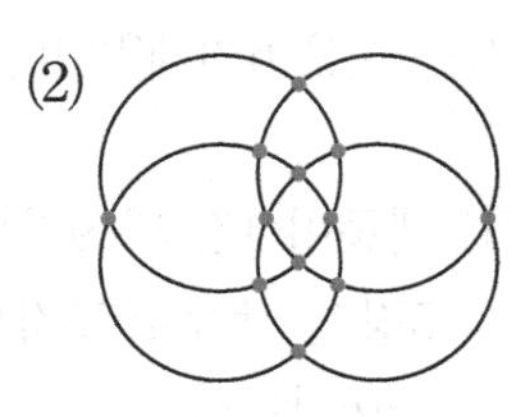

(4) $2+4+6+8+10+ \cdots\cdots +22=132$

2. 암수 토끼 한 쌍은 한 달마다 다음과 같이 번식됩니다.

1 1 2 3 5 8 13 21 34 55 89 144 233

수열의 세 번째 수부터는 이전의 두 수를 더한 값으로 이루어지는 규칙이 있습니다.

따라서 일 년 뒤에 토끼는 233쌍이 됩니다.

3. (3)

자른 횟수	1	2	3	4	5	6	7	8
실의 개수	2	4	8	16	32	64	128	256

따라서 실을 8번 잘랐을 때, 실은 256개가 됩니다.

16 도형수의 규칙 찾기

150~155쪽

수학비밀 42 신비한 도형수

1. (1)

첫 번째	두 번째	세 번째	네 번째
1	3	6	10
1	1+2	1+2+3	1+2+3+4

(2) 210개

2. (1)

구분		첫 번째	두 번째	세 번째	네 번째
사각형 모양		1	4	9	16
		1×1	2×2	3×3	4×4
오각형 모양		1	5	12	22
		1	1+4	1+4+7	1+4+7+10

(2) 사각형 모양의 20번째 구슬의 개수 : 400개

오각형 모양의 20번째 구슬의 개수 : 590개

수학비밀 43 도형수 사이의 관계

1. (1)

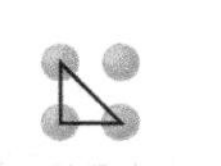

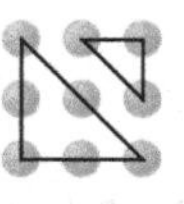

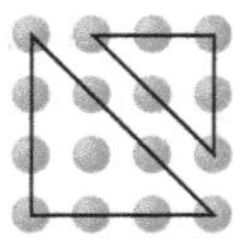

첫 번째 두 번째 세 번째 네 번째

(2) □번째 사각수는 □번째 삼각수와 (□−1)번째 삼각수의 합과 같다.

2. (예시 답안)

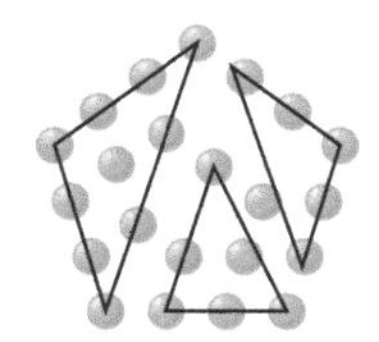

(□번째 오각수)
=(□번째 삼각수)+2×((□−1)번째 삼각수)

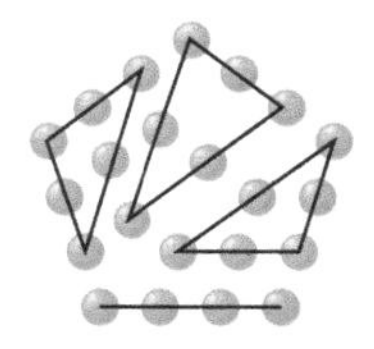

(□번째 오각수)=□+3×((□−1)번째 삼각수)

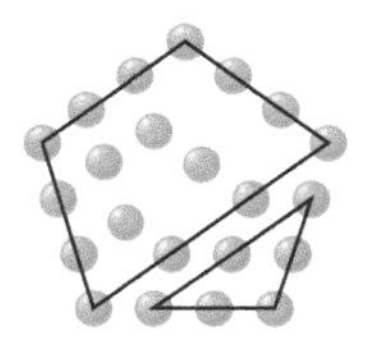

(□번째 오각수)
=(□번째 사각수)+((□−1)번째 삼각수)

3. 109

풀이

수학비밀42 **신비한 도형수**

1. (2) $1+2+\cdots\cdots+20=(1+20)\times20\div2=210$

2. (2) 사각형 모양의 20번째 구슬은 $20\times20=400$(개). 오각형 모양의 20번째 구슬의 개수는 3씩 커지는 수열의 합으로 구할 수 있습니다. 세 번째 구슬의 개수를 식으로 표현하면 $1+4+7$이고, $7=3\times2+1$로 나타낼 수 있습니다. 네 번째 구슬의 개수를 식으로 표현하면 $1+4+7+10$이고, $10=3\times3+1$로 나타낼 수 있습니다. 즉, 20번째 구슬의 개수는 $1+4+7+\cdots\cdots+$□로 표현할 수 있고, □$=3\times19+1$로 나타낼 수 있습니다. 따라서 오각형 모양의 20번째 구슬의 개수는 $1+4+7+\cdots\cdots+58$이고, 가우스의 합을 이용하면 $1+4+7+\cdots\cdots+58=(1+58)\times20\div2=590$(개)입니다.

수학비밀43 **도형수 사이의 관계**

3. 중심 삼각수와 다른 도형수 사이의 관계를 찾아 그림으로 표시하면 다음과 같습니다.

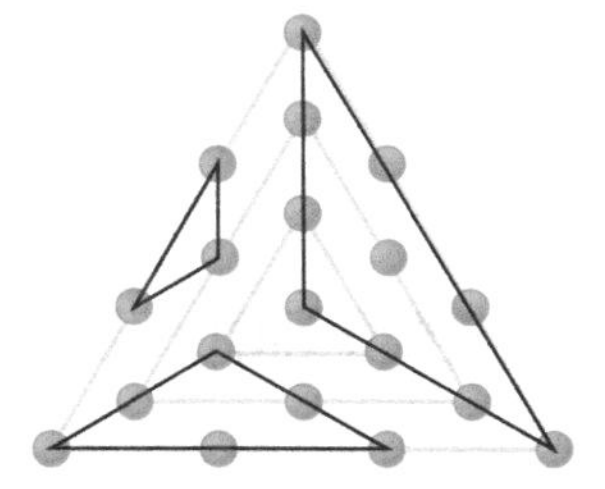

(□번째 중심 삼각수)=(□번째 삼각수)+((□−1)번째 삼각수)+((□−2)번째 삼각수)
따라서
(9번째 중심 삼각수)
=(9번째 삼각수)+(8번째 삼각수)+(7번째 삼각수)
$=(1+2+\cdots\cdots+9)+(1+2+\cdots\cdots+8)$
$\quad+(1+2+\cdots\cdots+7)$
$=(1+9)\times9\div2+(1+8)\times8\div2+(1+7)\times7\div2$
$=45+36+28=109$

[다른 해결 과정]
중심 삼각수를 수열로 나타내면 다음과 같습니다.

순서	덧셈 식
1	1
2	1+3
3	1+3+6
4	1+3+6+9
⋮	⋮
9	1+3+6+9+ …… +21+24

따라서 9번째 중심 삼각수는
$1+3+6+9+\cdots\cdots+21+24=109$